about coaching

about coaching

Einblicke in den Coachingprozess

Thomas Kottmann
Carl E. Gross

Konzeption, Coachee-Porträts: Franziska von Aspern
Fotografien: Hans Jochen Koppelmeyer

2. Auflage

GABAL

Inhalt

Professor Dr. oec. Christopher Jahns
Präsident und CEO der European Business School (EBS)
International University
Schloss Reichartshausen

Coaching – der Weg zur eigenen Persönlichkeit

»Wenn Du eine Entscheidung treffen musst, und Du triffst sie nicht, ist das auch eine Entscheidung«, sagte einst der amerikanische Psychologe und Philosoph William James. Diese Erkenntnis gilt für jeden Menschen, ganz besonders aber für Manager und Führungskräfte, die täglich viele Entscheidungen treffen müssen. Im Idealfall verbinden sich dabei Wissen, Erfahrung, Einfühlungsvermögen, Führungsstärke und Verantwortungsbewusstsein in einer gefestigten Persönlichkeit.

Doch Persönlichkeiten müssen sich entwickeln können; Potenziale wollen erkannt und ausgeschöpft werden. Coaching gehört daher mittlerweile zu den selbstverständlichsten Karrieredienstleistungen. Ob in einer Umbruchsituation, einer Krise oder um das eigene Potenzial zu mobilisieren: Coaching zeigt Wege auf, zu sich selbst zu gelangen.

Management ist Handwerk, Leadership erfordert viel mehr Qualitäten. Coaching unterstützt diesen Lern- und Entwicklungsprozess und ist für jedes professionelle Management in großen Konzernen wie auch in mittelständischen Unternehmen unverzichtbar. An der European Business School (EBS) legen wir entsprechend unserer Vision »We develop leaders« großen Wert darauf, dass unsere Studierenden ihre Persönlichkeit entwickeln können und bereit sind, soziale Verantwortung zu übernehmen. Wir bieten daher ein individuelles Coaching-Programm für alle unsere Studierenden, das es in dieser Form an keiner anderen deutschen Hochschule gibt.

Coaching ist eines der wirksamsten und innovativsten Instrumente der Personalentwicklung und der Führung. Ziel ist es, mit Blick auf eine persönliche oder berufliche Entscheidung des Coachees einen gedanklichen Prozess in Gang zu bringen.

Coachs

Carl E. Gross
ist amerikanischer Wirtschaftspsychologe, Supervisor und Mediator. Er verfügt über drei Jahrzehnte Erfahrung im Coaching von Führungskräften auf neurowissenschaftlicher Grundlage. Gross ist Mitglied im BDP (Berufsverband Deutscher Psychologen).

Thomas Kottmann
ist Gründer und Inhaber des Trainings- und Beratungsunternehmens Kottmann & Partner in Paderborn (www.kottmann-partner.de). Seit über zwanzig Jahren begleitet er Manager und Führungspersönlichkeiten als Trainer und Coach in den Bereichen Persönlichkeitsentwicklung, Konfliktmanagement und Teamentwicklung. Als Betriebswirt BTE hat er vor seiner Ausbildung als Coach langjährige Führungserfahrung im Handel gesammelt.

Einleitung

Jeden Tag leben wir mit unseren Stärken und Schwächen. Unsere Persönlichkeit nehmen wir mit ins Büro, zu Besprechungen und Treffen mit Kunden, mit zu Freunden und zur Familie. Aber es gibt auch Situationen, in denen wir nur zu gern den Mut oder die Weitsicht gehabt hätten, so manche Facette der eigenen Persönlichkeit – etwa vor einem wichtigen Gespräch – vorab an der Garderobe abzugeben.

Wie wäre das eine oder andere in unserem Leben wohl gelaufen, wenn wir anders reagiert hätten? Hätten wir Alternativen gehabt?

»About Coaching« nähert sich dem Thema Persönlichkeitsentwicklung und Mut zur Veränderung in ganz pragmatischer Weise, nämlich in Worten und Bildern von Menschen, die in Interviews und Kommentaren berichten, was sie mit und durch Coaching erlebt und erreicht haben. Begleitet von Sachtexten wird deutlich, dass Coaching bei der Entwicklung der Persönlichkeit Raum zur Reflexion und Entfaltung schafft, neue Blickwinkel eröffnet und alternative Gefühle, Gedanken und Handlungen in Beruf und Alltag möglich macht.

Im zweiten Teil des Buches berichten Ernährungs-, Sport- und ein Schlafmediziner über ein ausgewogenes Körpermanagement und wie im Zusammenspiel äußerer und innerer Faktoren ein gesunder biologischer Kreislauf wiedererlangt werden kann.

Abschließend stellen wir Stresstheorien vor und zeigen, wie gewinnbringend Glück – aber auch Angst – sein kann. Dieses Buch soll dazu inspirieren, mit Mut und Lust die eigenen Grenzen zu verschieben, Potenziale zu nutzen und die Person zu werden, die man sein will.

Thomas Kottmann und Carl E. Gross

Markus Reiser, S. 12

Wilfried Weiss, S. 16

Judith Faber, S. 20

Vera Ibelings, S. 24

Henry Maske, S. 28

Torsten Meyer, S. 32

Frank Zweigle, S. 36

Dr. Hans-Jochen Jaschke, S. 40

Viola Hong, S. 42

Willibald Hammer, S. 46

Tim Florence, S. 50

Prof. Dr. Grietje Beck, S. 52

Teil I

Coaching, Coachees, Kommentare

Carsten Hillje, S. 56

Peter Schmidt, S. 59

Annette Pieper, S. 62

Sonja Hartmann, S. 66

Ralf Brodnicki, S. 68

Wilhelm von Haller, S. 72

Gary Trozzo, S. 74

Dietrich Alberts, S. 78

Alexander Alberts, S. 80

Heiner Brand, S. 84

»Im Coaching habe ich erkannt, dass ich den Mitarbeitern viel zu wenig Raum gelassen hatte, eben durch den Perfektionismus, den ich immer wieder an den Tag legen musste.«

 Markus Reiser, Geschäftsführer

Vom Umgang mit sich selbst

»Ich habe über zehn Jahre für ein mittelständisches Unternehmen gearbeitet. Meine Aufgabe war es, den Vertrieb zu organisieren und zu strukturieren. Neben den kaufmännischen Belangen mussten auch innerbetriebliche Fragestellungen geklärt werden. Nicht nur unsere Kunden, nein, auch die eigenen Mitarbeiter mussten überzeugt werden, wenn es darum ging, etwas anders als bisher zu machen.

Ich hielt mich für unabkömmlich und hatte meine Mitarbeiter daran gewöhnt, mich auch im Urlaub anzurufen. Auf diese Weise war ich ständig im Dienst. Mein Perfektionismus hat so weit geführt, dass ich nicht mehr delegieren konnte, sondern gleich alles selbst erledigt habe, nach dem Motto: Dann ist es wenigstens richtig. Das hat mich an meine Grenzen geführt, ich hatte das Gefühl, nicht mehr weiterzukommen, und so kam ich über einen Artikel in der Zeitung zum Coaching.

Auf die Frage meines Coachs, was ich eigentlich für mich selbst tue, konnte ich nichts antworten. Heute nehme ich mir bewusst Zeit, wo ich für keinen zu sprechen bin. Die Welt kann sich auch ohne mich weiterdrehen.

Ich musste erkennen, dass die Qualität des Umgangs mit der eigenen Person letztlich die Art und Weise des Umgangs mit anderen definiert. Im Coaching stellte sich die Frage: Was ist es, das mir das Leben schwer macht? Das war einfach der viele Ärger im Job, und am Ende ist mir bewusst geworden, ich ärgerte mich, weil ich mich von den Dingen ärgern ließ.

Durch das Coaching hat sich eine Gelassenheit eingestellt, ich kann Dinge auf den nächsten Tag verschieben. Man muss nicht immer alles und jedes zu hundert Prozent auf Parade haben.«

Sind Sie schon gecoacht?

»If you can dream it, you can do it.«

WALT DISNEY

Hierzulande wurde Coaching lange als Rettungsanker oder Krisenintervention angesehen. Nach dem Motto: Der schafft es nicht, er braucht einen Coach. Mittlerweile setzt sich das Coaching auch bei uns in Deutschland als selbstverständlicher Bestandteil der Personalförderung und -entwicklung durch. Wer so weit gekommen ist, der kann sicherlich noch mehr, lautet die neue Devise.

In der Führungsposition angekommen, gilt es, der eintretenden Isolation in der Chefetage zu begegnen, denn Informationen sind gefiltert, offene und konstruktive Kritik bleibt allzu oft aus. Der Überblick droht verloren zu gehen.

Um diesen eingegrenzten Blickwinkel zu erweitern, bietet ein Einzelcoaching die Schärfung der Selbst- und Fremdwahrnehmung und die dauerhafte Öffnung für Neues. Neue Möglichkeiten und Handlungsalternativen können entdeckt und erarbeitet werden.

Coaching ist nicht nur dem Management vorbehalten. Jeder kann seine Möglichkeiten entdecken, seine Ziele darauf ausrichten und seine Grenzen verschieben.

In einer Studie der Managementberatung Kienbaum in Kooperation mit dem Harvard Business Manager verbinden einundachtzig Prozent der befragten Unternehmen Coaching mit dem Ziel, Führungsprobleme zu lösen und Managementstrategien zu entwickeln.

 Wilfried Weiss, Key-Account-Manager sen.

Eigene Stärken erkennen

»Für mich ist es wichtig, dass man mit seiner Veranlagung im Job auch richtig positioniert ist. Ich habe im Coaching die Bestätigung bekommen, am richtigen Platz zu sein. Man kann nur da gut sein, wo man richtig ist. Wenn einem dann auch noch einmal aufgezeigt wird, wo man Potenzial hat, vielleicht an der Stelle, an der man selbst eine Schwäche gesehen hat, da bekommt man doch Glücksgefühle!

Im geschäftlichen wie im privaten Bereich gibt es ständig Veränderungen, die es erfordern, sich mit zu verändern. Im Coaching kommt alles auf den Tisch. Es ist doch so, dass es eine Wechselwirkung zwischen der privaten und der geschäftlichen Situation gibt. Wenn es im Privaten über lange Zeit nicht richtig läuft, wirkt sich das auch auf das Geschäftliche aus.

Für mich hatte die Familie immer erste Priorität. Harmonie ist eine wesentliche Voraussetzung für ein glückliches Zusammenleben, das gilt für alle Lebensbereiche.

Leider ist der Zeitdruck, unter dem Arbeitende heute stehen, sehr viel höher geworden. Das hat sicher den Vorteil, dass mehr geleistet wird. Auf der anderen Seite stellt sich die Frage, ob Spitzenleistungen ohne ein gutes Miteinander nicht unmenschlich werden können. Das hohe Tempo lässt uns flüchtiger werden und trägt dazu bei, weniger Verständnis für den anderen aufzubringen, eben aus Ungeduld, Hektik und dem Impuls, immer schneller werden zu wollen.

Es ist wichtig, in all der Aktivität sensibel zu bleiben und sich wirklich immer wieder die Frage zu stellen: Ist das immer richtig, was ich mache? Das Coaching hat mich sensibler werden lassen.«

Was ist Coaching?

Übersetzt aus dem Englischen bedeutet »Coach« Kutsche. Im Coaching geht es darum, ein ganz bestimmtes Ziel zu erreichen. Dabei werden Weg und Ziel nicht von der Kutsche und dem Kutscher bestimmt, sondern vom Fahrgast, also vom Coachee selbst.

Coaching wird also eingesetzt, um berufliche und persönliche Ziele zu erreichen. Wertschätzend, einfühlsam, aber auch konstruktiv kritisch und absolut vertraulich unterstützt der Coach die Weiterentwicklung des Coachees. Manipulative Techniken sind in diesem Prozess tabu.

Kompetentes Coaching befreit Menschen von Blockaden, öffnet sie für Neues und ermöglicht es ihnen, bisher Unerreichtes umzusetzen.

Konkret: Coaching erhöht die beruflichen Kernkompetenzen, vorrangig die der Führung, und steigert die Klarheit, mit der Ziele angesteuert und realisiert werden.

Fühlen, Denken und Handeln aneinander auszurichten, ermöglicht es Führungskräften, authentisch und nachhaltig wirksam zu sein, und es unterstützt ihr Bestreben, Privates und Berufliches professionell in Balance zu halten.

Nicht zuletzt dient Coaching der Resilienz, der Fähigkeit, aus Fehlern zu lernen und aus Krisen gestärkt hervorzugehen: Der Erfolg bleibt greifbar und die Aufmerksamkeit für das Wesentliche erhalten.

Coaching entängstigt und öffnet Menschen für neue Blickwinkel und gibt ihnen Kraft, Themen hinter sich zu lassen, die ihnen nicht guttun und sie aufhalten.

 Judith Faber, Key-Account-Managerin

Potenzial und Verhalten in Einklang bringen

»Für mich war das alles neu. Ich hatte gerade im Vertrieb als junge Frau in einem Männerunternehmen angefangen. Für mich war die Frage wichtig: Wie setze ich mich durch? Wie trete ich bestimmt auf, und wie verhindere ich es, mich von anderen Leuten manipulieren zu lassen? Da hatte ich Schwierigkeiten. Ich habe dann auch manches persönlich genommen und nicht mehr auf der geschäftlichen Ebene gesehen.

Mir gefällt das Wort ›Erfolg‹, weil sich jeder etwas anderes darunter vorstellt.

Erfolg bedeutet für mich, sein inneres Potenzial mit dem äußeren Verhalten in Einklang zu bringen.

Das umfasst eigentlich alles, was ich im Coaching gelernt habe: sich selbst treu bleiben, keine Rolle kopieren oder spielen, das eigene Potenzial erkennen und bewusst leben.«

Damit müssen Sie nicht allein klarkommen

Standortbestimmung

Die Spiegelung durch einen Coach ermöglicht ein kompromissloses Erkennen der eigenen Stärken und Potenziale sowie die Korrektur der Selbst- durch die Fremdwahrnehmung. Nur wer die eigenen Ressourcen kennt, kann sie mobilisieren.

Neudefinition der Führungsrolle

Umstrukturierungsmaßnahmen, Fusionen und die Einführung flacher Hierarchien verändern die häufig über Jahre verinnerlichte Führungsrolle ebenso wie die gewohnten Aufgaben.

Getrübte beziehungsweise einseitige Wahrnehmung

Je höher die hierarchische Position, desto häufiger ist die Beziehung einer Führungskraft zu ihrer Umwelt von taktischem Verhalten und politischen Entscheidungen bedroht. Misstrauen und mangelnde Offenheit führen zu einer einseitigen beziehungsweise unangemessenen Wahrnehmung und Bewertung von Situationen und deren Kontext.

Persönliche Brüche in der Lebens- und Karriereplanung

Das unerwartete Outplacement oder persönliche Krisen bedrohen das eigene Selbstbild. Auch Zweifel am Lebenssinn führen häufig zu Abwehrstrategien und Veränderungen wie Regression oder Rückzug.

Widersprüchliche Erwartungshaltungen an die Führungsrolle

Den Rahmen für ihr eigenes Handeln müssen sich Manager häufig selbst erarbeiten – und scheitern am täglichen Spagat zwischen ihrem Harmoniebedürfnis, den Vorgaben der Unternehmensleitung und den Erwartungen der Mitarbeiter.

 Vera Ibelings, Geschäftsleitung

Selbst erkennen, was getan werden muss

»Ich bin seit vierzig Jahren in der Fotobranche tätig und habe alle Höhen und Tiefen miterlebt. Als der große Einbruch durch die Umstellung von analog auf digital über das Geschäft hereinbrach, mussten wir uns umstellen. Neue Ideen waren gefragt. Das Verkaufspersonal wurde umgeschult und die Abteilungsleiter kamen ins Einzelcoaching, nachdem man sich von den alten Geschäftsführern getrennt hatte. Durch diese Veränderungen war die Stimmung verhalten. Keiner wusste, was mit dem Coaching auf uns zukommen würde. Als dann vorab die Fragebögen für den Persönlichkeitstest kamen und angekreuzt werden sollten, war ich so verunsichert, dass ich die eine oder andere Frage bewusst nicht richtig beantwortete, einfach um mir nicht in die Karten schauen zu lassen. Ich saß meinem Coach keine halbe Stunde gegenüber und alle Befürchtungen und Ängste waren vergessen. Mir wurde klar, dass es um mich ging! Trotz des falsch ausgefüllten Fragebogens und der ganzen Bedenken haben wir uns am Ende des Tages richtig gut verstanden!

Ich werde die Frage, die mein Coach mir stellte, nie vergessen: ›Was wollen SIE SELBST eigentlich?‹

Dazu muss ich erklären, dass ich jemand bin, der sich voll und ganz für die Firma, für Kollegen und auch im Privaten für Freunde und Bekannte einsetzen kann. Dabei bleibe ich selbst manchmal auf der Strecke. Ich bin ausgenutzt worden, weil ich mich ausnutzen ließ. Heute schaue ich mir die Leute etwas genauer an und stelle mir die Frage, ob ich im Gegenzug auch von den anderen Unterstützung erwarten kann. Ich habe oft und gern Seminare besucht, da wird immer klar gesagt, was getan werden muss. Im Gegensatz dazu habe ich erfahren, dass der Effekt des Coachings nachhaltiger ist, weil man dazu gebracht wird, selbst zu erkennen, was getan werden muss.«

Von der Erkenntnis zur Umsetzung ...

Der Coachee erfährt, dass das Fühlen das Denken und das Denken das Handeln bestimmt.

Die motivierende Erkenntnis, mit neuen, erfolgreichen Alternativprogrammen blockierende Einstellungen und Verhaltensweisen abzulösen, ist ein erster Schritt.

Dadurch, dass der Coachee während des Coachingprozesses lernt, elegant auf seine Stärken zurückzugreifen, erzielt er zügige Erfolgserlebnisse in beruflichen und privaten Situationen.

Gezielt schaltet er fremde Einflussgrößen aus, die ihm Rollen auferlegen, die er so gar nicht spielen will (zum Beispiel Personen und ihre Erwartungen).

Er lernt damit, sich zu behaupten, indem er seine Emotionen selbst reguliert und somit sein Denken und Handeln eindeutig in die Tat umsetzt. Diese erfolgreiche Erfahrung wird negative und einengende Denk- und Handlungsmuster nachhaltig überschreiben. Diese neurobiologische Basiserkenntnis ist die konzeptionelle Grundlage zeitgemäßen Coachings.

Coaching befreit uns von der Selbstbeschränkung.
Coaching hilft uns, der zu werden, der wir sein wollen.

Wer ein klares Ziel hat, kann nur gewinnen ...

»Als Boxer hatte ich immer das Glück, mit einem guten Trainer zu arbeiten. Ob diese Trainer genauso gut für andere gewesen wären, weiß ich nicht. Fest steht, dass jeder gewinnen will. Die Frage ist, wie viel ich bereit bin dafür zu geben. Es ist erschütternd, aber auch verdammt ernüchternd, bei einem Wettstreit zu verlieren. Erschütternd, weil die Emotionen eine nicht zu unterschätzende Rolle spielen. Mit einem gewissen Abstand und gesunder Selbstkritik tritt eine Ernüchterung ein, die im Idealfall eine gute Voraussetzung bietet, aus den eigenen Fehlern zu lernen. Ich habe in meiner Karriere Niederlagen erlebt, und ich kann sie alle benennen, weil sie für mich bedeutsam waren. Die Niederlagen, auch wenn es wenige waren, haben mich gezwungen, auf ein höheres Level zu kommen. Boxer und auch andere Leistungssportler müssen sich ständig mit sich selbst auseinandersetzen und sich fragen, welche Stärken und Schwächen sie haben. Nur wenn ich darauf ehrliche Antworten gebe, kann ich lernen, damit umzugehen, und mich weiterentwickeln. Ganz besonders wichtig, nicht nur für Boxer, ist die Beantwortung der Frage, ob es sinnvoller ist, die Stärken auszubauen und die Schwächen auf diese Art auszugleichen oder an den Schwächen zu arbeiten. Wenn ich auch aus den Niederlagen mehr gelernt habe, ist es ein großartiges Gefühl, Erfolg zu haben. Aber wie bei allen Dingen gibt es auch hier eine Kehrseite.

Ich hatte genügend Zeit, zu begreifen, dass es im Leben Bedeutenderes gibt als den Erfolg.

Wahres Glück bedeutet für mich, meine Familie und mein persönliches Umfeld glücklich zu wissen. Und es kommt darauf an, das auch zu bewahren. In meinen Vorträgen sage ich immer: Jeder ist für sich selbst verantwortlich. Es hilft kein Coaching der Welt, wenn ich mich nicht selbst hinterfrage, wenn ich mir nicht selbstkritisch einen Spiegel vorhalte, wenn ich nicht bereit bin, in jeder Situation alles zu geben.«

 Henry Maske, Boxweltmeister im Halbschwergewicht

Coach statt Couch?

Wir schließen nicht nur ein Agreement mit unserer Umwelt, sondern auch mit uns selbst. Dieses beinhaltet den eigenverantwortlichen und pfleglichen Umgang mit sich selbst. In keinem Zeitalter hat es eine so große Bandbreite von Möglichkeiten und Chancen für jeden und für fast alle Aktivitäts- und Arbeitsfelder gegeben. Neben höchsten Ansprüchen, die solche Phasen beschleunigter Prozesse stellen, kommt der Suche nach einem Kompass, einer Orientierung, große Bedeutung zu.

Coaching verhilft zu einem inneren Kompass, der dazu beiträgt, die individuelle Balance zwischen Berufs- und Privatleben zu finden.

Trotz klanglicher Ähnlichkeit mit Sigmund Freuds Lieblingsmöbel gibt es keine Nähe zur Psychoanalyse.

Im Coaching geht es nicht in erster Linie um die Aufarbeitung von Defiziten, sondern um Bewusstwerdung und Förderung vorhandener Stärken.

Diese gilt es zu mobilisieren, um den psychischen Anforderungen, die in den letzten Jahren zugenommen haben, zu begegnen, denn Leben ist zu großen Teilen das zukunftsweisende Managen von Unsicherheit und Komplexität. Also ist Coaching kein kurzlebiger Trend, sondern die Folge und die Antwort auf veränderte gesellschaftliche Rahmenbedingungen. Heute stellen sich viele Themen als Entscheidungskonflikt dar. Menschen fühlen sich festgefahren, unsicher, überwältigt vom Entscheidungsdruck. In solchen Situationen braucht man keine zeitintensive Psychotherapie, die einen leicht als Ganzes auf den Prüfstand stellt.

Gefragt ist guter, vor allem schneller Rat, der auf den Punkt kommt, damit das Leben weitergehen kann.

»Man muss erst mal den Schmerz in einer Situation spüren, um diese überhaupt wahrzunehmen. Nur so bin ich zu einer anderen Werteorientierung gekommen.«

Andere mitnehmen

»›Fahren Sie nicht immer Porsche, sondern fahren Sie VW-Bus, um die mitzunehmen, die Sie darum bitten ...‹

Diesen Satz hat mir mein Coach mit auf den Weg gegeben. Man kann nicht immer auf der Überholspur sein. Ich habe gedacht, wenn ich vorausgehe, kommen die anderen von allein hinterher. Das ist aber nicht immer so gewesen.

Ich war im Außendienst in den Filialen operativ tätig. Als Verkaufsleiter kam ich dann in die Zentrale, wo ich verstärkt strategische Arbeit zu leisten hatte. Dadurch war ich von der Basis entfernt, sozusagen nicht mehr an der Front, und musste aufpassen, nicht in einem Elfenbeinturm zu landen.

Bei der Verwirklichung aller Pläne, Umstrukturierungen usw. sind die Mitarbeiter erste Priorität. Wir waren in einer Situation, in der das Unternehmen in einer Krise steckte. Wir haben das Einzelcoaching durch die gesamte Führungsebene laufen lassen. So bin auch ich zum Coaching gekommen.

Ich hatte meine Familie so nebenher mitlaufen lassen, sodass meine Tochter mich eigentlich nie kennengelernt hat. Das ist mir erst durch das Coaching bewusst geworden! Ich gehe heute nicht mehr davon aus, dass das Erwachsenwerden meiner Tochter von allein läuft. Ich weiß jetzt, dass es einen unsichtbaren Faden zwischen Vater und Tochter gibt.«

Fern vom Alltag ...

... und in angenehmer Atmosphäre fördert individuelles Coaching den erfolgreichen Lernprozess.

Motivierende Ziele sind der Antriebsmotor, um einen neuen, möglicherweise unbequemen Weg fortzusetzen oder lieb gewonnene Gewohnheiten und tolerierte Macken über Bord zu werfen.

Haben Sie Ziele?
Sind sie erreichbar und relevant?
Rechtfertigt das angestrebte Ergebnis den Energieeinsatz?
Wie lange bleiben die Ziele attraktiv, um die Veränderungsmotivation am Leben zu halten?
Wie merken Sie, dass Sie auf dem richtigen Weg sind?
Woran machen Sie Erfolge fest?
Und nicht zuletzt: Verfolgen Sie zu viele Ziele gleichzeitig?

Ihre Antworten markieren einen ersten Haltepunkt. Erst eine Standortbestimmung und die ehrliche Auseinandersetzung mit sich, den eigenen Wünschen und Bedürfnissen helfen, die Koordinaten des zukünftigen Entwicklungsfeldes festzulegen, um auch sicherzustellen, dass man dort ankommt, wo man hin möchte.

Das eigene Potenzial kann nur entfacht werden, wenn es gilt, konkrete Ziele zu erreichen. Gemeinsam mit dem Coach werden diese definiert, strukturiert und anschließend auf ihre Nachhaltigkeit überprüft. Der stressfreie Rahmen, in dem man seine Ziele – ohne Druck, fernab von Routine – festlegt, fördert dann auch die Lust, sie in Angriff zu nehmen.

 Frank Zweigle, Vorstand

Persönlichkeit entwickeln

»Ich kann den Satz von William McDougall nur unterstreichen: Persönliche Stärke ist kein Zufall!

In einem unternehmerischen Transformationsprozess bin ich zum Coaching, genauer gesagt zum Persönlichkeitscoaching gekommen. Ich hatte vorher noch nie etwas von Coaching gehört. Ich dachte, es handle sich dabei um so einen psychologischen Firlefanz.

Und dann war es, ich möchte beinahe sagen wie – Liebe auf den ersten Blick! Mittlerweile bin ich der Meinung, jeder, vor allem Führungskräfte mit Mitarbeiterverantwortung, sollte sich coachen lassen. Es ist einfach so: Je höher man kommt, desto einsamer wird man. Denn es wird einem als Schwäche ausgelegt, anderen Mitarbeitern seine beruflichen Probleme anzuvertrauen.

Es hat mich begeistert, mit einer neutralen sachverständigen Person über Dinge sprechen zu können, die ich in meiner Funktion als Vorgesetzter innerbetrieblich nie hätte thematisieren können. Bei aller Vorsicht, was Kategorien angeht, hat mich das Persönlichkeitsmodell beeindruckt. Ich war verblüfft, wie zutreffend mir mein persönliches Profil gespiegelt wurde. Außerdem wurde mir bestätigt, dass ich ein typischer Vertriebsmann bin.

Trotz der Bestätigung, der richtige Mann an der richtigen Stelle zu sein, gibt es für mich noch ein Entwicklungspotenzial. Mir wurde klar, dass das eigentlich nie endet.«

»Wir müssen das, was wir denken, auch sagen!
Wir müssen das, was wir sagen, auch tun!
Und wir müssen das, was wir tun, dann auch sein!«

ALFRED HERRHAUSEN

Das eigene Drehbuch schreiben!

Nach aktuellen Erhebungen leidet die Mehrheit der Führungskräfte unter hohem Druck, was leicht zu Unsicherheiten und Ängsten führt. Diese Gefühle sind kein Makel, sondern eine natürliche Reaktion auf ständig wachsende Anforderungen.

Doch die Selbstakzeptanz bietet die Chance zur Veränderung. Der erste Schritt ist also, Offenheit gegenüber dem eigenen Selbst zu erlangen, damit Unsicherheitsgefühle nicht verdrängt werden und sich dann immer weiter potenzieren.

Ständige innere emotionale Ermüdung kann vor allem für Führungskräfte zum Normalzustand werden. Der Kontakt zu sich selbst geht verloren, wahre Gelassenheit gibt es nicht mehr.

Erfolgreich ist, wer das Spiel gegen die inneren Stimmen gewinnt, die schwächen und verunsichern. Diese Form der Selbstregulation sichert einen ökonomischen Umgang mit seinen Gefühlen und Energien, schafft Klarheit über die eigenen Ziele und bringt sie uns näher. Somit führen wir Regie und geben das Drehbuch für unser Leben nicht leichtfertig aus der Hand.

Unser Drehbuch heißt Lebensqualität und Lebenszufriedenheit. Es gilt, berufliche und persönliche Wege und Empfindungen miteinander in Einklang zu bringen, um unabhängiger und unbestechlicher das zu leben, was zählt: Gelassenheit und Demut.

Auf dem Weg zur inneren Balance werden wir unabhängiger vom Urteil unserer Umwelt und lernen das für uns selbst Wichtige vom Unwichtigen zu unterscheiden. Uns immer mehr anzunehmen, den eigenen Anspruch zu spüren, zu stärken, um dann vor sich selbst bestehen zu können und damit Erfüllung zu finden.

»Werde, der du bist …

… lautet ein berühmter Rat des griechischen Dichters Pindar, den der Bischof und Christenmensch gern übernimmt. Der große Sokrates hat die Menschen immer wieder in Gespräche hineingezogen, bei denen sie erkennen und ausdrücken konnten, was in ihnen steckt. ›Hebammenkunst‹ heißt seine Methode. Das moderne Coaching nimmt solche Grundeinsichten auf. Wir dürfen den Menschen etwas zutrauen. Sie müssen sich selbst entdecken und erfahren. Ich hebe drei Akzente hervor:

Jeder und jede darf seine / ihre eigene Werthaftigkeit erfahren. Sie bildet die Grundlage für alles Weitere.

Nur wer sich selbst bejaht und gernhat, auch in dem, was unzulänglich bleibt, kann sich gut bewähren.

Coaching weckt die Fähigkeiten und Begabungen und macht den Menschen Mut, sie zu entfalten und einzusetzen. Manchmal kann man nur staunen, was in einem steckt.

Wichtig bleibt immer die alte Tugend der Stärke. Bestärken wir uns in dem, was den Kern unserer Persönlichkeit ausmacht, trauen wir uns etwas zu! Zur Stärke gehört auch Verlässlichkeit uns selbst und anderen gegenüber. So hilft das Coaching im Prozess der Menschwerdung, der ein Leben lang andauert.«

Erfolg durch Achtsamkeit

»Ich hatte gerade meine Diplomarbeit geschrieben und machte meine ersten Berufserfahrungen im Vertriebscontrolling eines mittelständischen Unternehmens, da schenkte meine damalige Chefin mir ein Einzelcoaching! Das war eine tolle Erfahrung und ganz anders, als ich gedacht hatte. Da spulte sich kein festes Programm vom positiven Denken und Chaka Chaka ab.

Mit meinem Coach konnte ich Dinge besprechen, die ich vorher noch nie thematisiert hatte. Ich glaube, es ist manchmal besser, mit einem kompetenten Außenstehenden zu sprechen, als immer Freunde und Bekannte zurate zu ziehen. Gerade was berufliche Probleme angeht, kann man sich mit zu großer Offenheit an der falschen Stelle persönlich angreifbar machen.

Mir hat es richtig gutgetan, einmal über alles sprechen zu können und ein ungeschöntes Feedback zu bekommen. Es hat mich auch erleichtert, zu erkennen, dass ich hier und da zu streng mit mir war und meinen Schwächen mehr Raum und Aufmerksamkeit gab als meinen Stärken.«

»Selbstbewusstsein und Erfolg gehören zusammen. Ich habe gelernt, auch mit meinen Schwächen selbstbewusst umzugehen.«

Follow me!

Nach Standortbestimmung, Zielvereinbarung und Erarbeitung der eigenen Stärken und Potenziale hat der Coachee Techniken erlernt, Blockaden zu überwinden und zu beseitigen. Das Ziel und der Erfolg sind zum Greifen nahe.

Nun ist es unerlässlich, dass der Coach sich zurücknimmt. Der Coachee geht nun nach vorn, der Coach folgt ihm in angemessenem Abstand.

Warum? Der Coach will sichergehen, dass der Coachee das Neue jetzt auch selbstständig umsetzen kann – das, was er sich zunächst nicht zutraute und doch wollte.

Der Coachee übernimmt fortan den aktiven Part und wendet sich nur dann an den Coach, wenn er ihn benötigt. Er erntet den größtmöglichen Lernerfolg, indem er den neuen Weg so weit wie möglich allein zurücklegt.

 Willibald Hammer, Leiter Marketing, Vertrieb

Ziele fest im Blick

»Ich kam vor acht Jahren in meiner damaligen Funktion als Key-Account-Manager zum Coaching. Ein wichtiger Punkt war das Thema Mitarbeiterförderung und -führung. In dieser Zeit habe ich meine Stärken und Schwächen kennengelernt und bekam entsprechendes Rüstzeug mit, um mein Team zu fördern.

Heute kann ich nicht ohne Stolz sagen, das Potenzial von Mitarbeitern weiterentwickelt zu haben, was mir dann auf der anderen Seite die Basis für meinen nächsten Karriereschritt lieferte. Bei der anstehenden Umstrukturierung habe ich erkannt, dass man Mitarbeiter mitnehmen muss, sonst entstehen Widerstände und Blockaden. Mir ist der Teamgedanke sehr wichtig, nach dem Motto: Gemeinsam sind wir stark!

Das gilt übrigens auch für die Familie. Bei mir hat das Coaching wirklich einen Wachrütteleffekt gehabt. Ich hatte mich zu einem fürsorglichen Familientyrann entwickelt. Mein Coach hat mir diese Erkenntnis so gut verkauft, dass ich wirklich etwas tun wollte.

Beruf, Familie und sich selbst in Einklang zu bringen, ist in der Tat ein Drahtseilakt,

den ich mit meinem Feedbackgeber, dem Coach, einfach besser und gezielter hinbekomme. Neben Geschäftsterminen gibt es heute feste Familientage, die ich mir frei halte.

Außerdem habe ich eine einfache Wahrheit mitgenommen: Es ist ganz wesentlich, sich immer wieder kleine Ziele zu setzen. Heute fließt dieses Wissen bewusst in die Erziehung meiner Töchter ein.«

Die Architektur des Gehirns

Die Neurobiologie gibt uns beeindruckende Zahlen vor: Zwischen dem ersten und fünften Monat entwickelt der Embryo zwischen 4200 und 8300 Neuronen pro Sekunde, kurz vor und in den ersten Monaten nach der Geburt sogar 50000 pro Sekunde. Zwischen dem siebten embryonalen Monat und dem dritten Lebensjahr verbindet sich jedes Gehirn-Neuron mit 15000 anderen Neuronen. Bis zum sechzehnten Geburtstag werden diese Verknüpfungen im Gehirn wieder auf die Hälfte reduziert, denn nur positiv genutzte und erfolgreiche Erfahrungen sollen uns künftig lenken.

Zwar wird alles bis dahin Ungenutzte als Verbindung zwischen den Neuronen gelöscht, doch es können sich immer wieder neue Zellen und Verknüpfungen bilden, auch im Erwachsenenalter. Die fest installierten und voll automatisierten Verknüpfungen von Neuronen ermöglichen es uns, schnell und wirkungsvoll zu reagieren. Gleichzeitig stellen sie aber auch eine Einschränkung dar, denn ein reflexartiger Ablauf, der als eine Art innerer Autopilot fungiert, limitiert unsere Emotionen und somit unsere Denk- und Handlungsmöglichkeiten.

Betreten wir eine neue Bühne, auf die wir unsere bisherigen Erfahrungen nicht übertragen können, besteht die Gefahr, dass der Autopilot Alarm schlägt und wir von Unsicherheit und Ängsten dominiert werden.

Im Coaching lernt der Coachee, sich selbst zu »entängstigen« und seinen inneren Autopiloten, sprich: sein emotionales und kognitives Gedächtnis, umzuprogrammieren, damit seine Analysen, Planungen und Entscheidungen auf einer objektiveren Grundlage beruhen und er auf der neuen Bühne souveräner agieren kann.

 Tim Florence, Freelance composer

New perspectives

»I am an Australian freelance composer as well as a piano and English teacher, long resident now in Berlin, Germany.

Coaching has brought me a greater perspective and calmness in relating and reacting to the important issues and events of my life.

The meetings have provided me with a ›quiet zone‹ in time and place in which to talk about issues and events in my professional (and private) life, which need emotional distance, like a pause for breathing. This has generated constructive and clear reflection upon the stream of experience, enabling me to develop practical techniques and strategies for coping and reaching effective decisions.

Coaching then has helped me better to master ›automatic‹ emotions – especially regarding persons in my environment. I more often experience the deeper feeling of participating in what I really like – or more aptly, the emotional satisfaction of being a party to what I feel is truly wise for me, which very often includes what I would have really wanted anyway.«

Mit weiblicher Empathie und Professionalität

»Während das Coaching von Führungskräften in der freien Wirtschaft zum Standard gehört, ist es in der Medizin noch nicht sehr verbreitet. Ich bin davon überzeugt, dass es sinnvoll ist, Mediziner in jedweder Führungsposition zu coachen. Wir als Mediziner sind in den Universitäten so mit der Wissenschaft beschäftigt, dass wir uns viel zu selten Gedanken darüber machen, in welchem Fokus wir stehen, dass unser Verhalten beobachtet wird. Das betrifft auch das Arzt-Patienten-Verhältnis. Das Unternehmen Gesundheit hat eine wirtschaftliche Dimension und verlangt von allen Mitarbeitern maximalen Einsatz. Da ist es wichtig, einen Führungsstil auszuprägen, der motiviert und allen Mitarbeitern gerecht wird. Der Berufsverband der Anästhesisten hat diesen Gedanken aufgegriffen und regt einen Coachingprozess für leitende Ärzte an.

Ich habe in meiner neuen Funktion als leitende Oberärztin und Stellvertreterin meines Chefs, der gleichzeitig Dekan der Uni ist, sofort ein Coaching gemacht. So gab es für die Mitarbeiter keinen Vorher-Nachher-Effekt. In den Gesprächen wurde klar, dass ich mein Harmoniebedürfnis aufgeben und lernen musste, NEIN zu sagen.

Es ist wichtig, Konflikte zuzulassen und auszuhalten, ohne um der Harmonie willen alles glätten zu wollen. Es kommt darauf an, sich nicht nur mit Konflikten zu beschäftigen, sondern das, was reibungslos funktioniert, genauso wichtig zu nehmen. Heute, ein Jahr nach dem Coaching, habe ich ein gutes Gefühl im Umgang mit meinen Mitarbeitern. Aktuell bin ich in einem Bewerbungsverfahren für ein Ordinariat und werde mich in diesem Prozess von meinem Coach begleiten lassen.

Ich sehe mich in mancher Hinsicht als Vorreiterin darin, als Frau in einem immer noch männerdominierten Bereich auf der Karriereleiter oben angekommen zu sein und bewiesen zu haben, dass Weiblichkeit und Erfolg zusammengehören und Muttersein und Karriere einander nicht ausschließen.«

 Prof. Dr. Grietje Beck, geschäftsführende Oberärztin

Die Macht der Gewohnheit

**Wir sind alle Gewohnheitstiere.
Und Gewohnheiten – seien sie noch so ungünstig oder nachteilig – erfüllen wichtige Funktionen.**

Nicht delegieren zu können, resultiert häufig aus einer überhöhten Anspruchshaltung. Der innere Konflikt entsteht daraus, diesen eigenen Maßstäben treu bleiben zu wollen und die fremden akzeptieren zu müssen.

Rauchen ist ungesund. Doch die Ausschüttung von Serotonin beruhigt den Raucher und vermittelt ihm das Gefühl, die Angst vor einer schwierigen Aufgabe oder Herausforderung besser managen zu können.

Warum scheitern so viele gute Vorsätze trotz zahlreicher Lebens- und Überlebensratgeber?

Die Antwort ist so verblüffend wie einfach. Die Gewohnheit täuscht eine positive Kosten-Nutzen-Rechnung vor. Es kommt keine Veränderungsmotivation auf. Denn die gewohnten Gefühle, Gedanken und Handlungen, seien sie noch so schädlich, sind neurologisch festgelegt. Wir folgen unserem alten Trott auf den immer gleichen Wegen.

Sich dem eigenen Entwicklungspotenzial zu stellen, ist eine der vordringlichsten, aber auch schwierigsten Aufgaben. Wie bequem ist es, die Fesseln der Gewohnheit einfach hinzunehmen?

Wir können die selbst gesteckten Grenzen unserer Komfortzone hinter uns lassen, die wir immer wieder mit fadenscheinigen Argumenten verteidigen, um sie gegenüber guten Vorsätzen zu schützen.

56 Carsten Hillje, Unternehmer

Demut und Dankbarkeit

»Das erste Coaching habe ich als geschäftsführender Manager gemacht. Es ist wichtig, einmal auf sein eigenes Ich, auf seine Persönlichkeit heruntergesetzt zu werden: Weg davon, den Manager heraushängen zu lassen. Weg davon, breitschultrig von sich zu behaupten, der Größte zu sein und alles weghauen zu können.

Ich habe erkannt, dass Demut und Dankbarkeit jedem Geschäftsmann gut zu Gesichte stehen und letzten Endes auch zum Erfolg führen.

Das zweite Coaching stand für mich an, als Strukturveränderungen im damaligen Unternehmen dazu führten, dass die geschäftsführende Funktion einfach wegfiel. Für mich stellte sich die Frage, ob ich in die Selbstständigkeit gehen sollte. In dieser Entscheidungsphase bin ich von meinem Coach darin unterstützt worden, den Schritt zu wagen. Ähnlich wie beim ersten Coaching als Geschäftsführer ging es wieder um zielgerichtetes und eindeutiges Operieren.

Wenn ich so zurückdenke, war ich vor dem Coaching in meiner Kommunikation nicht so klar und eindeutig, was dazu führte, dass Mitarbeiter oder auch meine Frau nie genau wussten, worum es mir in einer Situation jeweils ging. Im Coachingprozess wurde das so deutlich dargestellt, dass ich den Eindruck hatte, nie wieder hinter diese Erkenntnis zurückkommen zu können, jedenfalls nicht bewusst.

Ich bin froh, den Schritt in die Selbstständigkeit gewagt zu haben. Eindeutigkeit und Flexibilität sind Eigenschaften, die ich üben und aufbringen musste, um mit dem neuen Unternehmen zum Erfolg zu kommen! Bereits im zweiten Jahr hat das Unternehmen Gewinn gemacht und in diesem Jahr werden wir etwa vier Millionen Euro umsetzen.«

 Peter Schmidt, Unternehmer

Der Mutmacher

»Als ich damals – eher durch Zufall – meinen späteren Coach kennenlernte, ging es mir schlecht. Ich war ständig müde, ohne Antrieb, frustriert und ausgelaugt. Mein Akku war leer, und ich schaffte es nicht mehr, ihn aufzuladen.

Der Leidensdruck war inzwischen so groß geworden, dass ich mich schließlich aufraffte und ein erstes Gespräch suchte. Ängste und Depressionen werden in unserer Gesellschaft leider bis heute tabuisiert. Lieber redet man über sein Magengeschwür, über Rückenschmerzen oder ewige Kopfschmerzen als über die grenzenlose Niedergeschlagenheit, die uns im Leben überfallen kann.

Im Laufe der Coachings wurde mir vieles bewusst. Es tat gut, alles rauszulassen und selbst Mittelpunkt der Gespräche zu sein.

Die wichtigste Erkenntnis war für mich die, dass ich mich jahrelang selbst unter Druck gesetzt hatte. Ich hatte immer geglaubt, mein Umfeld erwarte Perfektion von mir. Irgendwie hatte ich mich von der Wertschätzung der anderen abhängig gemacht, hatte mich von mir selbst entfernt.

Mit der Zeit lernte ich, mich selbst mit all meinen Macken zu akzeptieren. Es war ein erhebendes Gefühl, festzustellen, dass ich selbst mein Leben in der Hand hatte.

Nach und nach gelang es mir, den Blick nach innen zu richten, ohne zu grübeln, und mir viel mehr selbst als Mensch wichtig zu sein. Ich fing wieder an, Sport zu treiben, und erlebte die Natur unmittelbarer.

Inzwischen kann ich zurückschauen und stolz sein auf das Erreichte. Ich achte jetzt mehr auf mich, lasse Dinge nicht mehr so nah an mich heran und habe gelernt, rechtzeitig das Gespräch zu suchen.«

Auf unserer mentalen Landkarte befinden sich holprige Feldwege, feste Straßen und auch mehrspurige Schnellstraßen. Der innere Autopilot wählt für uns die für ihn vertraute Fahrtroute aus. Öfter, als uns bewusst ist, verweist er uns jedoch auf den Beifahrersitz.

Vor diesem Hintergrund stellt sich die spannende Frage: Wie kann man den Autopiloten umprogrammieren?

Zunächst, indem wir seinen Sinn, seinen bisherigen Nutzen erkennen und verstehen. Plötzlich begreifen wir, warum wir in bestimmten Situationen nicht wirklich weiterkommen: Der Autopilot lässt uns einen Feldweg fahren!

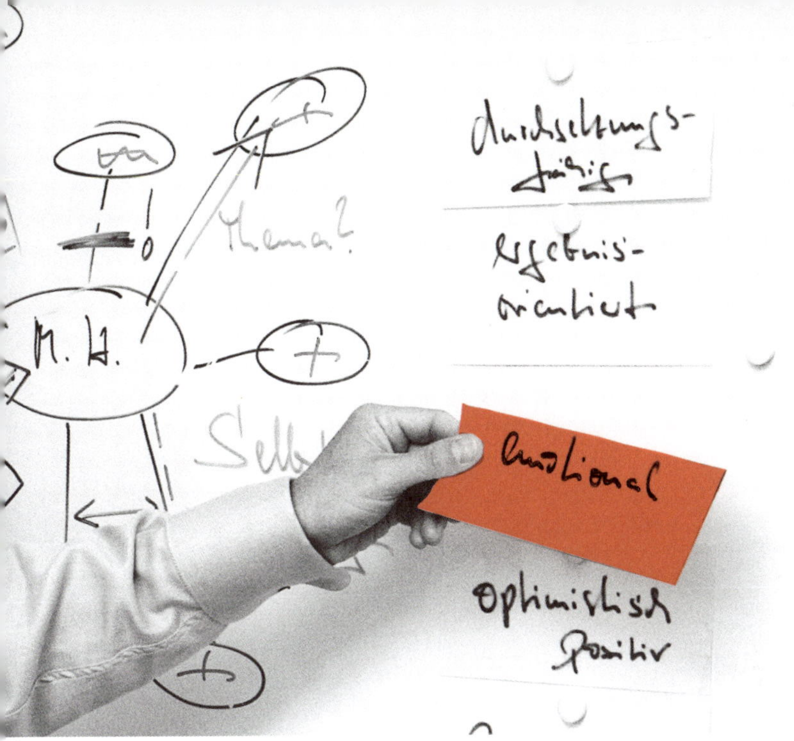

Umprogrammierung des inneren Autopiloten

Jetzt greifen wir bewusst ins Steuer, erproben neue Wege und schätzen schon bald die neue Alternative. Wir erweitern unser Repertoire um die Erfahrung, dass immer noch wir unseren Weg bestimmen.

Mit der Zeit akzeptiert der Autopilot die neue Route, die sich jetzt auch bewährt hat, und nimmt sie in sein Navigationssystem auf.

Nun zeigt sich der Nutzen: Die Wege sind kürzer, schneller, wir gehen ökonomischer mit unseren Energieressourcen um und sind nicht zuletzt effizienter und effektiver.

Teamgeist leben

»Das Unternehmen, in dem ich damals als Leiterin der kaufmännischen Belange arbeitete, hatte Vertriebsseminare gebucht. In diesem Zusammenhang bin ich über ein sogenanntes Pilotprojekt zum Einzelcoaching gekommen. Nach einer Stunde konnte der Coach mich so gut einschätzen, dass ich wirklich dachte, der muss meinen Mann angerufen haben. Ich fand das supergut!

Im Grunde wird einem da ein Spiegel vorgehalten, in dem man nicht nur sich selbst sieht, sondern sein ganzes Umfeld im Visier hat. Für mich war es wichtig, zu erkennen, dass Eigen- und Fremdwahrnehmung möglichst kongruent sein sollten.

Das ist ein heikler Punkt, der immer wieder überprüft werden muss. Ich habe das Coaching durch meine ganze Abteilung laufen lassen. Wir sind durch diesen Einsatz als Team zusammengewachsen, das hat dem Betriebsklima gutgetan und damit auch unserem Job.

Gegenseitiges Verständnis erleichtert die Zusammenarbeit.

Man hat heute als Vorgesetzter relativ wenig Möglichkeiten, den Mitarbeitern etwas Gutes zu tun. Wir stecken alle in Gehaltstarifen, und Sonderprämien sind nicht mehr üblich. Trotzdem möchte man für Mitarbeiter, die einen guten Job gemacht haben, etwas tun. Ich habe meine Leute ins Einzelcoaching geschickt und bekomme heute noch, vier Jahre danach, begeisterte Rückmeldungen.

Heute bin ich selbstständig und führe eine Personalagentur. Bei allen Veränderungen ist mir der Kontakt zu meinen damaligen Mitarbeitern geblieben, sicher auch ein Beweis für einen wirklich umgesetzten Teamgedanken, nicht zuletzt durch das Coaching.«

 Annette Pieper, Unternehmerin

Das Coaching von morgen

Wie wird es aussehen, das Coaching von morgen?

Das Coaching von gestern beschränkte sich auf gesellschaftspolitische Themen wie Werte und Verantwortung und befasste sich mit individuellen Fragestellungen nach der eigenen Work-Life-Balance. Im heutigen Coaching bleiben diese Themen folgerichtig relevant. Geändert hat sich die Herangehensweise: Nicht allein die Logik, gesteuert über vernunftbetonte Einsichten, öffnet uns Türen zu neuem erwünschtem Verhalten. Vielmehr emanzipiert sich die erfolgreiche Erfahrung in kurzer Zeit zu einem fest installierten Gefühls-, Denk- und Handlungsreflex. Durch geeignete mentale Strategien lernt der Coachee einen gesunden Umgang mit seinen Emotionen und geht pfleglicher und erfolgreicher mit sich und seiner Umwelt um. Er wird Autor seines Drehbuchs.

Das Coaching von morgen – und morgen hat schon begonnen – wird die Chancen und Notwendigkeiten eines intelligenten und abwechslungsreichen Selbstmanagements aufzeigen. Ein stärker werdendes Bewusstsein für gesunde Ernährung und für positive Lebenseinstellungen und -entwürfe mündet in eine achtsamere Selbstwahrnehmung und gereifte Selbstverantwortung. Selbst entwickelte Kreativität und das Setzen von Prioritäten nach Biokurven verabschieden die bisherige Routine. Spielerisch täglich neue kleine und große Herausforderungen suchen, Fehler machen, Erfahrungen sammeln, selbst gesetzte Grenzen erweitern.

Und nicht geistig und emotional ermüden auf dem Weg, der zu sein, der wir werden wollen.

»Der Geist ist wie ein Fallschirm. Er funktioniert nur, wenn er offen ist.«

THOMAS DEWAR

Den Blick für das Wesentliche öffnen

»Seit circa achtundzwanzig Jahren bin ich in der Spielwarenindustrie tätig und habe in dieser Branche international mit vielen Firmen und Künstlern zu tun.

Meine Firma hat nicht nur mein individuelles, sondern auch mein gesamtes Familienleben mitbestimmt, dies gilt auch für die Gründung einer zweiten Firma in den USA sowie zwei Umzüge mit ›Kind und Kegel‹ in die Vereinigten Staaten und wieder zurück. Seit zweiundzwanzig Jahren leben wir, außer unserem Sohn, wieder in Deutschland.

Als ich vor einigen Jahren eine wichtige Entscheidung für die Firma treffen musste, habe ich zum ersten Mal in meiner Berufslaufbahn lange gezögert: Zu persönlich waren die Fakten und zu riskant eine Fehlentscheidung.

In meinem Herzen und mit meinem ›Bauchgefühl‹ hatte ich schon einen bestimmten Weg eingeschlagen, doch dieser Fall war so persönlich berührend und speziell, nichts sollte in Enttäuschung und Trümmern enden. Ich suchte Rat bei einer Person meines Vertrauens, wusste, dass ich dort offene, wohlwollende, aber auch neutral-kritische Aufmerksamkeit für meine Situation finden würde. Es war sehr spannend, zu erleben, wie sich dann die Lösung in Gesprächen fast von allein formulierte!

Heute, im Rückblick auf diese Zeit, erscheint alles leicht und logisch.

Wir – oder ich? – hatten den richtigen Weg eingeschlagen.

Deshalb heißt Coaching für mich: den Blick für das Wesentliche zu öffnen.«

Eigene Antworten entdecken

»Die zentrale nationale Vertriebsleitung, die ich für ein mittelständisches Unternehmen manage, stellt aufgrund der Mehrmarkenstrategie ein interessantes Konfliktfeld dar. Jede Marke hat ihr eigenes Profitcenter inklusive eigenem Geschäftsführer. Und jede Marke will die beste sein. Jedoch ist nicht jeder interne Wettbewerb gesund, er kann auch anderen schaden! Um den Teamgedanken nicht zu verlieren, wurden alle leitenden Angestellten ins Coaching geschickt.

Für mich war der Einstieg in den Coachingprozess, der ja mit der Anwendung eines Persönlichkeitsmodells beginnt, schwierig. Ich wollte mich nicht kategorisieren lassen und begriff erst später, dass es sich nicht um eine Schubladenlösung handelt. Heraus kam, dass die zehn Jahre, die ich im Marketing gearbeitet hatte, ihre Spuren hinterlassen hatten – ich hatte einen zu stark analytischen Ansatz mit in meine vertriebliche Tätigkeit genommen. Ich war emotional zu kontrolliert, was mir nicht bewusst war.

Heute bin ich so weit, dass ich beide Seiten, die vertriebliche und die analytische, miteinander verbinde. Die Dinge einmal aus einem anderen Blickwinkel heraus zu sehen, hat bewirkt, dass Eigenschaften, die in mir schlummerten und nicht abrufbar waren, geweckt wurden. Ich fühle mich richtig gut!«

 Ralf Brodnicki, Geschäftsführer Marketing/ Vertrieb

»Mein Coach hat mich darin unterstützt, zunächst einmal die Problematik überhaupt zu erkennen. Im Vertrieb muss man in erster Linie offen auf andere zugehen, schnell sein und zupacken.«

Seitenwechsel

Was hat uns bewegt, den Weg zum Internal-Coach einzuschlagen?

In der Qualifizierung zum Internal-Coach schauen Führungskräfte professionellen Coachs über die Schulter. Ein mehrstufiger Prozess sensibilisiert und befähigt den Internal-Coach dazu, seine Mitarbeiter mittels erkannter Stärken zu führen und sie weiterzuentwickeln – die einzig gangbare Variante, die das Innenverhältnis (Vorgesetzter / Mitarbeiter) zulässt. In Anlehnung an die positive Psychologie sollen Kernkompetenzen im Vordergrund bleiben und gestärkt werden.

»Es gibt mir die Sicherheit, gerade in nicht einfachen Situationen Persönlichkeitstypen zu erkennen und mit passenden Strategien auf sie einzugehen. Für mich ist dieser Schritt nicht nur begrenzt auf mein berufliches Leben.

Coach zu werden, bedeutet für mich, dass ich die Fähigkeiten meiner Mitarbeiter ausbaue, indem ich ihre Stärken stärke. Ich schlage Brücken und biete Hilfestellung an. Außerdem stärkt es meine Sensibilität für eine selbstkritische Reflexion und eine gezielte Arbeit an meinen Potenzialen.

Führungskräfte müssen keine fertigen Lösungen für Probleme und Konflikte präsentieren. Sie müssen als Interaktionspartner die individuellen Entwicklungsprozesse der Mitarbeiter anstoßen und begleiten.

Coaching gibt einem die Möglichkeit, alltägliches Management by walking around viel präziser und gewinnbringender durchzuführen. Dies ermöglicht es mir, einem eher oberflächlichen Gespräch eine positive Wendung zu geben.

Was mich immer wieder bewundernd hinsehen lässt, ist, wenn es einem Coach gelingt, aus anderen Menschen Lösungen hervorzubringen, wo vorher scheinbar kein Weg zu erkennen war. Tatsächlich ist es so, dass die Antworten auf die Fragen, die wir haben, wenn nicht in jedem, so doch in sehr vielen Fällen bereits in uns sind.

Als Coach kann man diesen Menschen den Schlüssel zu den Antworten geben, die sie letztlich in sich selbst tragen beziehungsweise aus sich selbst heraus finden.«

 Wilhelm von Haller, Banker

Was ist guter Führungsstil?

»Guter Führungsstil bedeutet für mich, Mitarbeiter zu Höchstleistungen zu motivieren, ohne dass diese es als Belastung empfinden. Für diesen Stil braucht es Persönlichkeiten. Auf dem Weg dorthin kann ein Coach wichtige Hilfestellung geben.

Erst vor ein paar Wochen hatte ich einen Coachingtermin. Dazu gab es keinen besonderen Grund oder Anlass. Ich wollte mir einfach wieder einen Spiegel vorhalten lassen. Die Herausforderung, den ›richtigen‹ Führungsstil zu finden, ist immer relevant und aktuell. Das Thema füllt Bibliotheken; Patentrezepte gibt es leider nicht. Man darf sich hier nicht der Illusion hingeben, ein Coaching wäre ein mechanistischer Vorgang, der von jetzt auf gleich Wunder bewirkt und sofort einen anderen Menschen aus einem macht. Das ist ein Prozess, der reifen muss.

Transparenz und institutionalisiertes Feedback, wie zum Beispiel die 360-Grad-Beurteilung, erhöhen die Anforderungen und das Arbeitstempo in den Unternehmen. Umso wichtiger ist es, einen guten Führungsstil vorzuleben. Mitarbeiter lassen sich heute nicht mehr von unangefochten regierenden Patriarchen führen.

Ich denke, guter Führungsstil lässt den Mitarbeitern Freiraum und fördert Motivation und auch Lebensfreude, sodass die eigentliche ›Führung‹ kaum spürbar ist.

Dagegen belastet schlechter Führungsstil die Mitarbeiter, und diese Belastungen werden, wenn auch nicht gewollt, dann in die Familien getragen. Ein Kreislauf beginnt.

Coaching sollte nicht nur ein Angebot für Berufstätige sein, sondern auch in den Schulfächerkanon aufgenommen werden. Wir sollten jungen Leuten Coachings anbieten, gerade in der wichtigen Phase der Entwicklung von Stärken und Talenten.«

 Gary Trozzo, Financial Officer

I discovered people and long term perspectives

»Coaching helped me maintain a horizon with a long term perspective. This has kept me grounded.

I was first introduced to coaching from a family situation and its application to business was self-evident. The goals I needed to pursue and what stood in the way were suddenly clear.

In both my business world and in the home environment, responsibility and relationships became the key focal point. Knowing who required my trust, when to let go, where and how much energy to spend became a simpler matter. A sense of balance between head, heart and pocket took hold.

In my private and business life I began leading individuals, watching them become more confident and assured over the outcomes.«

Das Gehirn kann nicht anders

Welche Gesichtspunkte müssen dabei in Zukunft verstärkt beachtet werden?

Das Gehirn kann nicht anders als lernen. Ständig intensivieren sich die neuronalen Verknüpfungen, und die Landkarte unseres Gedächtnisses erweitert sich. Lernen ist lebensnotwendig, und wer lernt, verändert sich und wächst daran. Manche Menschen verbinden mit Veränderung Freude, für andere bedeutet es möglicherweise, sich Druck und in der Folge gar Ängsten auszusetzen.

Gelingt es jedoch im Coaching, eine angstfreie Atmosphäre des Vertrauens zu schaffen, wird dies zu einem fruchtbaren Nährboden für das Lernen. Erfolgreiches Lernen braucht neben der Begleitung durch eine Fachperson, in diesem Fall durch den Coach, Motivation, Zeit, Wiederholung, positive Erlebnisse und nicht zuletzt ein trainiertes Gedächtnis. Nur unter solchen Bedingungen sind erfolgreiche Entwicklungen möglich.

Das Gedächtnis wird automatisch vom limbischen System – unserem »emotionalen Gehirn« – gesteuert. Unser Einfluss hierauf ist begrenzt. Teil jenes limbisch-emotionalen Systems ist der Hippocampus, der eine zentrale Rolle beim Lernen und Erinnern spielt.

als lernen

Aufmerksamkeit, Motivation und Emotionen sind Impulse für die Aktivierung unserer Verhaltensänderung, die durch das limbische System gelenkt werden. Dieses schüttet »Botenstoffe« aus, die die Lernvorgänge erleichtern. Der Coach kann die Ausschüttung dieser Botenstoffe fördern, indem er zunächst eine angst- und stressfreie, Lust und Neugierde erzeugende Atmosphäre schafft. Wobei er den Coachee als aktiven Part in den Coachingprozess integriert und eine angenehme und vitale Interaktion entstehen lässt. Coaching ist keine Einbahnstraße. Der Coachee zeichnet Lösungen vor und entdeckt viele in ihm selbst schlummernde Handlungsalternativen.

Klare Lernanforderungen sind dabei Wegweiser für selbst gesteckte Ziele. Abschließend braucht der Coachee ein zeitnahes Feedback über seine Erfolgserlebnisse, das von nicht zu unterschätzender Bedeutung für die Festigung seiner Lernerfolge ist.

Lernen anzuregen wird zunehmend die Aufgabe des Coachs wie auch – in der Folge – des Coachees werden.

Neurochemische und neurobiologische Grundlagen des Lernens werden zurzeit intensiv erforscht. Die Ergebnisse werden in den kommenden Jahren mit Sicherheit unser Verständnis von Veränderungsprozessen revolutionieren. Die wichtigsten Neurotransmitter (Botenstoffe):

Serotonin:	sorgt für Beruhigung und Wohlgefühl, dämpft Angst und macht ausgeglichen.
Acetylcholin:	fördert gezielte Aufmerksamkeit, Lernerleichterung und die Gedächtnisleistung.
Noradrenalin:	schafft allgemeine Aufmerksamkeit, Erregung und positiven Stress, der leistungsfördernd ist.
Dopamin:	»macht schlau und Spaß« (M. Spitzer), erzeugt Neugier und ist darüber hinaus aufmerksamkeitsfördernd und antreibend.

Dietrich Alberts, Unternehmer

Abschalten können

»Als geschäftsführender Gesellschafter eines national und international operierenden Unternehmens bekomme ich die Wechselhaftigkeit der gesamten Wirtschaftslage und die Schnelllebigkeit der Märkte ohne Verzögerung zu spüren. Nicht umsonst ist Coaching in unserer Zeit Standard.

Ich bin durch meinen Sohn zum Coaching gekommen. Im Coaching habe ich gelernt, abzuschalten – auch dann, wenn ich morgens um drei wach werde und keinen Schlaf mehr finde.

Abschalten zu können ist ein wichtiges Thema. Mein Coach hat mir dazu wirksame Techniken mitgegeben.

Je länger ich als Unternehmer arbeite, desto klarer wird mir, dass das menschliche Miteinander, der gute Kontakt, die Fähigkeit, sich in andere hineinzuversetzen, das Wichtigste und auch Entscheidende ist.

Ich kann mir vorstellen, dass auch Mitarbeiter-Coachings hier viel bewegen können.«

Sozusagen präventiv

»Ich studiere Betriebswirtschaftslehre an der EBS (European Business School) im Fachbereich Wirtschaftssprachen, das heißt General Management mit Französisch.

Durch meine Arbeit als Vorsitzender des EBS-Symposiums bin ich vom Team- zum Einzelcoaching gekommen. Das EBS-Symposium ist ein Wirtschaftskongress, den jeweils die Erstsemester auf die Beine stellen. Es geht um zwei Herausforderungen, die gleichzeitig koordiniert werden müssen: die Organisation des Kongresses und das Studium.

Als wir diese Aufgabe zu meistern hatten, brachte uns ein Artikel in einem Wirtschaftsmagazin zum Coaching. Wir waren, wenn man so will, Vorreiter.

Seitdem ist es Standard, dass alle Teams von Anfang an gecoacht werden.

Das Einzelcoaching habe ich für mich als große Chance gesehen: gerade in jungen Jahren sensibilisiert zu werden für Schwachpunkte, Fehler und Fallgruben, sozusagen präventiv oder im Vorfeld daran zu arbeiten, ehe sich Gewohnheiten einschleifen, die nicht gut sind und mich blockieren.

Ich musste lernen, NEIN zu sagen. Da, wo es sein muss, den Konflikt zuzulassen und wenn möglich einen guten Mittelweg zu gehen, ohne dass mein Harmoniebedürfnis mir zu große Zugeständnisse abringt. Ich könnte mir vorstellen, dass mein Coach mich durch alle Lebensabschnitte begleitet.«

 Alexander Alberts, Student EBS

Daran erkennt man einen

Ein guter Coach …

- verfügt über reichhaltige Lebens- und möglichst langjährige Coachingerfahrung und ist als Persönlichkeit gereift,
- besitzt analytische Fähigkeiten, um komplexe Beziehungsgeflechte entwirren zu können,
- wird von unterschiedlichen Menschen als kompetenter Gesprächspartner akzeptiert,
- zeigt betriebswirtschaftliches Verständnis und verfügt über Führungserfahrung,
- ist standfest in seinem Vorgehen und bereit zur Konfrontation,
- zeigt in der Themenbearbeitung eine angemessene Tiefe,
- kann exzellent zuhören,
- eröffnet neue Perspektiven durch gezielte Fragen,
- hat eine hohe Empathie für Menschen und Situationen,
- verfügt über aussagekräftige Referenzen,
- lässt sich selbst regelmäßig supervidieren,
- ist unbestechlich und frei von Ideologie.

Der Deutsche Verband für Coaching & Training e. V. definiert fünf Kompetenzbereiche:

- Persönliche Kompetenz
- Handlungskompetenz
- Feldkompetenz
- Fachlich-methodische Kompetenzen
- Sozial-kommunikative Kompetenzen

guten Coach

Mit Leidenschaft Unmögliches möglich machen

»Die Kardinaltugenden der Spitzensportler unterscheiden sich nicht von denen, die Manager an die Spitze von Unternehmen bringen.

Im Sport wie auch im beruflichen Leben entscheiden das Training und die gezielte Vorbereitung über den Erfolg. Zunächst jedoch müssen die eigenen Talente und Stärken entdeckt und mit Begeisterung weiterentwickelt werden. Spitzensportler und Manager müssen sich über die Bedeutung ihres Potenzials und darüber, wie man es nutzt, im Klaren sein. Es genügt nicht, große Eigenschaften zu haben; man muss auch mit ihnen wirtschaften können.

Coaching zeigt Wege auf, schlummernde Talente zu entdecken, sie voll auszuschöpfen und sich auf seine ganz individuellen Stärken zu konzentrieren. Es weckt Begeisterung für ambitionierte Ziele und stärkt die Motivation, diese schließlich auch erreichen zu wollen, seine Stärken also auch auszuspielen.

In der Wettkampfphase im Sport wie auch bei der Performance im Job sind Stressresistenz, Fokussierung auf das Wesentliche, Kampfgeist und der gekonnte Umgang mit Druck spiel- oder karriereentscheidende Faktoren und damit der Schlüssel zum Erfolg.

Im Coachingprozess werden dem Coachee Techniken an die Hand gegeben, wie er in entscheidenden Momenten die Anspannung in positive Energien umwandeln kann. Denn nicht der Stressor entscheidet über den Stress, sondern die eigene

 Heiner Brand, Bundestrainer der Männer-Handball-Nationalmannschaft

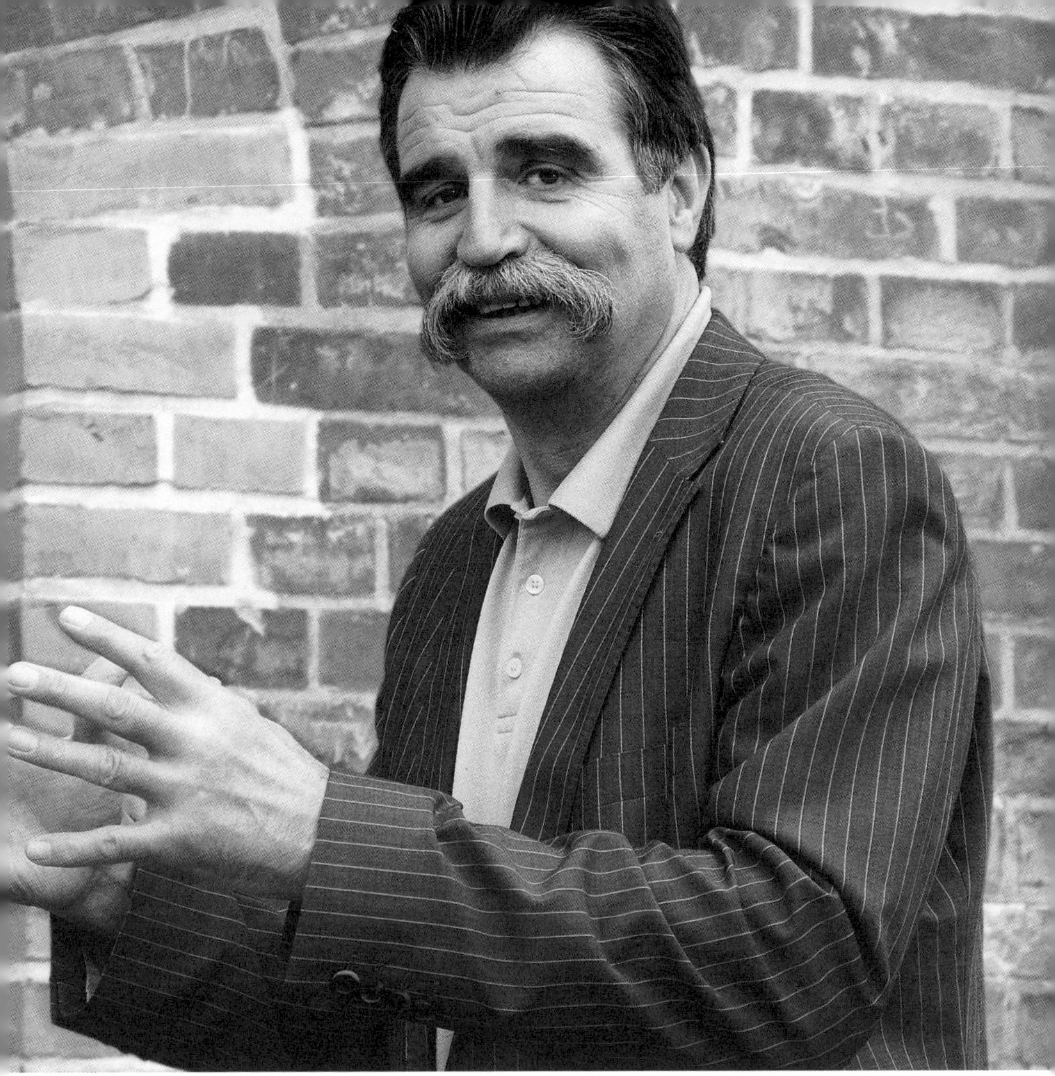

Interpretation der stressauslösenden Situation und der individuelle Umgang damit. Wer morgens im Stau steht, kann auch die Gelegenheit nutzen, seine Emotionen durch positive Gedanken zu steuern. Ein schwieriges Projekt muss nicht zwangsläufig zu einer Überforderung führen, sondern kann durch gezieltes Selbstmanagement positive Energie freisetzen. Der Glaube an sich selbst und damit der Glaube an die eigene Einflussmöglichkeit sind eine wirksame Stressabwehr. Coaching verhilft zu dieser neuen Sicht auf die Dinge.«

 Dr. Bernd Gimbel, Dr. Elisabeth Malzfeldt, Dr. Wilfried Böhning

Teil II

Physical Coaching

Bewegung Ernährung Schlaf

Termin- und Zeitdruck sind wesentliche Bestandteile des heutigen Arbeitsalltags. Oft reicht der Tag nicht aus, um der stetig steigenden Flut der Anforderungen gerecht zu werden. Bislang reagierte man auf diese Herausforderung vor allem mit Techniken des Zeitmanagements. Eine Alternative dazu ist es, den eigenen Energiehaushalt in den Fokus zu rücken. Ist der Körper müde und der Kopf leer, steht das Ergebnis in keinem Verhältnis zum Aufwand, mit anderen Worten, die Leistungsfähigkeit sinkt rapide. Schon geringe Änderungen in der Lebensweise helfen, die eigenen Energien ökonomischer zu bündeln.

Im Dreiklang leben

Bewegung

Im Wechselspiel zwischen Körper und Geist kommt der Bewegung eine zentrale Rolle zu. Schon regelmäßige kurze Spaziergänge wirken sich positiv auf den Energiehaushalt aus. Nur ein bisschen mehr – und die Abwehrkräfte werden gestärkt und chronischen Krankheiten wird vorgebeugt. Das körpereigene Glückssystem wird aktiviert, mit Endorphin, Dopamin und Serotonin. Mit enormen Folgen: Die Leistung wird gesteigert, die Stimmung verbessert und sogar Ängsten kann wirkungsvoll begegnet werden. Gezielte Bewegung hilft dem Coachee, sein »Glückssystem« selbst zu steuern. Physical Coaching zeigt ihm, wie man diese Prozesse optimiert und nachhaltig nutzt.

Ernährung

Eine ausgewogene Ernährung ist die Basis unserer Gesundheit und stärkt unseren Energiehaushalt. Glukose ist der Treibstoff für Körper und Geist. Der Glukosefresser schlechthin ist das Gehirn, das mit zwei Prozent des Körpergewichts bis zu dreißig Prozent der gesamten Energie für sich beansprucht. Umso wichtiger ist es, sich mit seinen Essgewohnheiten bewusster auseinanderzusetzen. Trotz guter Vorsätze brechen gelernte und automatisierte Handlungsmuster immer wieder durch und statt des leichten Salats landet das schwere Sahneschnitzel auf dem Teller. In der Folge entzieht der Verdauungsprozess dem Gehirn notwendige Energiespitzen.

Der Coach schafft mit dem Coachee ein neues Ernährungsbewusstsein und sichert dieses emotional ab. Physical Coaching unterstützt ein intelligentes Ernährungsmanagement und somit auch die Leistungsfähigkeit.

Schlaf

Schlaf scheint so selbstverständlich zu sein, dass es kaum lohnt, darüber nachzudenken. Oder? Körperliche und geistige Belastung können den Schlaf aus dem Gleichgewicht bringen, das gilt auch für den Jetlag oder eine hohe Arbeitsbelastung. Doch langfristig hat der Schlafmangel gravierende Folgen für Gesundheit und Leistungsfähigkeit. Der Coachee lernt, sein biologisches Schlafverhalten einzuschätzen und Maßnahmen zu entwickeln, die eine regenerative Schlaf- und Ruhephase ermöglichen.

Körperliche und geistige Energie sind eng miteinander verknüpft. Jede Gehirnzelle arbeitet dann kraftvoll, wenn der Dreiklang – Bewegung, Ernährung, Schlaf – eine harmonische Einheit bildet.

PHYSICAL COACHING:

Bewegung

Die deutschen Manager sind erschöpft. Vitale Ermüdung, so haben Studien beleuchtet, gehört heute schon zum Normalzustand vieler Führungskräfte. Doch beruflich und im Führungsalltag topfit zu sein, bedeutet, trotz beruflicher Anspannung Gelassenheit zu bewahren und den Kontakt zu sich selbst und dem eigenen Körper nicht zu verlieren.

Erfolgreich ist langfristig nur, wer dieses innere Spiel gewinnt und die innere Balance zwischen Anspannung und gelassener Souveränität findet, also sein Körper- und Persönlichkeitspotenzial gezielt mobilisiert.

Nur die Harmonie zwischen Körper, Geist und Seele wird die Leistungsfähigkeit und die Lebensqualität der Coachees nachhaltig steigern. Derjenige, der einseitig auf die Verbesserung ausschließlich seines geistigen Potenzials setzt, wird niemals seine volle Leistungsbreite ausschöpfen können. Gerade in unserer bewegungsarmen Zeit gilt es mehr denn je, der körperlichen Dimension des menschlichen Seins verstärkt Beachtung zu schenken.

Mentale Höchstleistungen können nur erbracht werden, wenn Körper und Geist in den Fokus genommen und zu einer gesunden und leistungsfähigen Einheit entwickelt werden.

Das gezielte Training des Bewegungsapparates mit all seinen Muskeln, in denen die Energie zur Leistungserbringung bereitgestellt wird, dient als Kraftwerk und Transformator unseres Alltags- und Berufslebens. Wer seinen Körper managen will, benötigt konkrete Handlungsanweisungen zur Verstärkung seines Körpergefühls. Die meisten Menschen wissen zwar um die Bedeutung der Gesundheit, häufig mangelt es ihnen jedoch an qualifizierten Strategien, um diese Erkenntnisse in ein erfolgreiches Körpermanagement umzusetzen.

Vorgehen

Als Ausgangspunkt dafür dient die Analyse des aktuellen körperlichen Zustandes, bei der Stärken und Schwächen im Körpermanagement des Coachees aufgedeckt werden. Anschließend wird ein zielgerichteter (Trainings-)Prozess geplant und realisiert, um im Körper gewünschte Anpassungsprozesse zu bewirken. Diese Maßnahmen gilt es zu coachen. Ziel ist es, Strategien zu erarbeiten, um die spezifischen Belastungen des Berufsalltags langfristig auszuhalten und mit den oft begrenzten Ressourcen effizient zu wirtschaften. Kondition zu haben, ist eine Bedingung, ohne die weder der Sportler noch der geistige Arbeiter auskommt. Die enge Verbindung zwischen körperlichen und geistigen Zusammenhängen soll »begriffen« werden.

Kondition

Hierzu gehören Ausdauer, Kraft, Schnelligkeit, Beweglichkeit, Gewandtheit und Geschicklichkeit.

Im Mittelpunkt der Ausbildung körperlicher Kernkompetenzen beim Coachee muss daher die Ausdauer stehen. Per definitionem ist sie »die Ermüdungswiderstandsfähigkeit des Organismus bei der Arbeit«. Mehr Ausdauer zu haben bedeutet, eine bessere Konzentrationsfähigkeit zu besitzen – mit der Folge einer geringeren Fehlerhäufigkeit bei der Arbeit.

Hand aufs Herz

Schädigungen am Herz-Kreislauf-System entwickeln sich schleichend und bleiben oft lange unbemerkt. Erst Jahrzehnte später sind Symptome spürbar, zu einem Zeitpunkt, zu dem die Schädigungen bereits irreversibel sind. Umso wichtiger ist es, dass wir frühzeitig, das heißt in der Phase beginnender und noch korrigierbarer Veränderungen, über unser Gefäßsystem Bescheid wissen, um rechtzeitig eine Strategie gegen die Verkalkung unserer Arterien entwickeln zu können.

Mit einem Diagnostikverfahren wird in das Gefäßsystem hineingeschaut und somit rechtzeitig die Wirkung schädigender Einflüsse durch Verkalkung erkannt. Unter Einsatz der Echokardiografie werden verschiedene Funktionen des Herzmuskels überprüft.

Ein Stufentest auf dem Ergometer stellt die momentane körperliche Belastbarkeit fest. Der Vergleich von persönlichen mit statistischen Daten hilft bei der Bestimmung des physiologischen Alters.

Am Ende steht die Gewissheit um den eigenen körperlichen Zustand, über das eigene Stärken- und Schwächenprofil und die realisierbaren Möglichkeiten, sich selbst auch im Arbeitsalltag Gutes zu tun, Gesundheit und Leistungsfähigkeit zu erhalten.

PHYSICAL COACHING:

Ernährung

Ein gesunder Körper bildet die Grundlage für die körperliche und geistige Leistungsfähigkeit. Bewusste Ernährung ist dabei ein zentraler Schritt auf dem Weg, die eigenen Ressourcen optimal zu nutzen. Gesunde und ausgewogene Ernährung bedeutet, adäquate Mengen der richtigen Lebensmittel im ausgewogenen Verhältnis zu essen.

So einfach diese Formel klingen mag, so herausfordernd scheint es oftmals, den eigenen Alltag entsprechend auszurichten. Gerade Menschen in Führungspositionen fällt die Fokussierung auf die körpereigenen Ressourcen angesichts der hohen Arbeitsbelastung und eines entsprechenden Zeitmangels oftmals schwer. Zudem ist das Thema bewusste Ernährung bisher kaum in den bundesdeutschen Firmenkulturen verankert. Auch wenn Kantinen abwechslungsreiche Speisen anbieten, ergreifen nur wenige Firmenleitungen Maßnahmen, um die Mitarbeiter zur Umstellung der Essgewohnheiten zu motivieren. Viele Beschäftigte lassen weiterhin den Salat liegen und greifen wie gewohnt zu Schnitzel und Kroketten.

Hier setzt Coaching im Bereich Ernährung an. Es will das Bewusstsein, die Kraft und die Lust wecken, die eigenen Gewohnheiten neu zu organisieren, neue Lebensqualität zu entdecken und damit Vitalität, Leistungsfähigkeit und Wohlbefinden zu erhöhen.

Anschließend erhalten die Coachees ein persönliches Feedback und werden sowohl individuell als auch praxisorientiert beraten. Dadurch bauen sie die notwendigen Kompetenzen auf, um in einem eng getakteten Arbeitsleben die Zeit und Muße für eine ausgewogene Ernährung zu finden. Stressresistenz, Konzentrations- und Leistungsfähigkeit nehmen so insgesamt zu.

Brainfood für 100 Milliarden Nervenzellen

In Belastungsphasen, wenn hohe Konzentration und viel psychische Energie gefordert sind, ist eine intelligente Ernährungsweise besonders gefragt. Speziell abgestimmtes Brainfood versorgt die 100 Milliarden Nervenzellen optimal. Es gelangt bei hohem Adrenalinspiegel über die Blutbahn an das Stamm- und Mittelhirn sowie an das sympathische Nervensystem und die Motorik. Dann laufen Essen und Verdauung auf Sparflamme – wir kennen den umgekehrten Effekt nach einer zu üppigen Mittagsmahlzeit. Also sollten Hauptmahlzeiten zum Beispiel Vollkornprodukte enthalten, die ihren Zucker nur peu à peu in das Blut abgeben. Snacks können das angestrengte Gehirn gegen Nachmittag wieder in Schwung bringen. Bei Studentenfutter liefern beispielsweise Rosinen Glukose für schnelle Energiezufuhr; ungesättigte Fettsäuren, Eiweiß, Vitamin E und B-Vitamine aus den Nüssen sind für Funktion, Schutz und Regeneration der Nervenzellen unerlässlich.

Das Hirn ist in seiner Funktion wie kein anderes Organ auf einen regelmäßigen Zustrom von Glukose als Energiequelle angewiesen.

Ausreichende Flüssigkeitszufuhr sorgt für bessere Durchblutung und Sauerstoffversorgung und für den Transport der Nährstoffe. Studien mit Schülern zeigen eindeutig bessere Informationsaufnahme bei ausreichender Wasserzufuhr.[1] Während des Arbeitstages sollte der Magen entlastet werden, indem nur leichte Kost mit geringem Fettgehalt gegessen wird. Die Sättigung sollte nicht übermäßig sein, um Müdigkeit und Leistungstiefs zu vermeiden.

Wesentlicher Pfeiler der Gesundheit

Richtige Ernährung ist ein wesentlicher Pfeiler der Gesundheit und somit auch für ein ganzheitlich denkendes Personalmanagement eine Investition in eine gesunde und leistungsfähige Belegschaft.

Eine ausreichende Versorgung mit allen Nährstoffen unterstützt das Immunsystem und kann vor Herz-Kreislauf-Erkrankungen, Diabetes und vielen Arten von Krebs schützen.[2] Laut WHO könnte jeder dritte Fall von

Krebs durch optimierte Ernährung verhindert werden.[3] Sogar der Alterungsprozess kann verzögert werden. Dies zeigt etwa das populäre Beispiel der überproportional hohen Zahl an gesunden Hundertjährigen auf der japanischen Insel Okinawa, die unter anderem durch die traditionelle Mäßigung beim Essen und einen ausgewogenen Speiseplan bedingt ist.[4]

Der Food-Coach und Trainer als Ernährungsexperte

Für eine gute Nährstoffversorgung ist eine große Nahrungsvielfalt nötig. Das Zusammenspiel und die physiologischen Effekte von teilweise Tausenden von Wirkstoffen sind für die gesundheitliche Wirkung von Lebensmitteln verantwortlich. Häufig wird zum Beispiel die Wirkung von Obst und Gemüse nur auf die Vitamine reduziert, ohne die Vielzahl an sekundären Pflanzenstoffen zu berücksichtigen, die unendlich wertvoll für die Gesundheit sind.[5] Nahrungsergänzungsmittel können in bestimmten Fällen zusätzlich erforderlich sein, sollten aber keinesfalls als Alibi für eine unausgewogene Kost missbraucht werden.

Der Ernährungsmanager

Anders als in der klassischen Ernährungsberatung geht es hier um eine ganzheitliche Betrachtung, die die individuellen Lebensumstände respektiert. Nur so ist eine praktikable Umsetzung guter Ratschläge möglich. Zunächst wird der Ernährungsstil analysiert. Mithilfe von Ernährungsprotokollen werden eventuelle Defizite oder Überversorgungen aufgedeckt. Der Ernährungsmanager erarbeitet gemeinsam mit dem Coachee neue alltagstaugliche Regeln für eine regelmäßige und bedarfsdeckende Nahrungszufuhr mit Rücksicht auf Berufsalltag, Geschäftsreisen, Einladungen und Privatleben.

Es werden Fettfallen in der Kantine aufgezeigt wie der »leichte Salat« mit schwerer Sahnesauce und Käse und öligem Thunfisch oder Paniertes, Frittiertes und fettreiche Saucen, und es werden Alternativen entwickelt. Sich eine Pause gönnen, in Ruhe speisen und die Mahlzeit genießen sind weitere gesundheitsfördernde Verhaltensweisen.

Ziel der Beratung ist eine neue Einstellung, ein ökonomischer Umgang mit Nahrung und Körperreserven, die Zunahme von Selbstrespekt und Genussfähigkeit als Quelle von Wohlbefinden und Kreativität und eine nachhaltige, dauerhafte Veränderung des Lebensstils.

Der bewusste Umgang mit Nahrung bereitet den Weg

Eine erfolgreiche Umsetzung kann etwa in einer Anlehnung an die mediterrane Küche liegen, die Gesundheit und Genuss in besonderer Weise miteinander verquickt.

> **Ernährung bedeutet deutlich mehr als das Nachfüllen von »Betriebsstoff« für den Körper. Sie ist Balsam für die Seele, Anlass zu Geselligkeit und ein wichtiger Teil unserer kulturellen Identität.**

Der bewusste Umgang mit Nahrung bereitet den Weg, diesen Reichtum zu erschließen.

Anmerkungen / Quellenangaben

1 http://www.isonline.de/veroeffentlichungen/docs/schmitzdge.pdf
http://www.isonline.de/veroeffentlichungen/ Trinken.pdf
http://www.medicalnewstoday.com/articles/8838.php
M.-M. G. Wilson and J. E. Morley; Impaired cognitive function and mental performance in mild dehydration. European Journal of Clinical Nutrition (2003) 57, Suppl. 2, S. 24–29.

2 Yusuf, Salim et al. Effect of potentially modifiable risk factors associated with myocardial infarction in 52 countries (the INTERHEART study). Case-control study. Lancet 2004, Vol. 364
http://www.medizinauskunft.de/artikel/diagnose/krankheiten/06_10_chronisch.hp
http://www.cdc.gov/nccdphp/publications/aag/dnpa.htm
http://www.mayoclinic.com/health/mens-health/MC00013

3 http://www.who.int/dietphysicalactivity/publications/facts/cancer/en/

4 http://www.nationalgeographic.de/php/magazin/topstories/2006/01/topstory4.htm

5 So wirken beispielsweise die in Kohl, Senf und Meerrettich enthaltenen Glukosinolate krebshemmend, während Flavonoide in dunkler Schokolade, grünem Tee oder Heidelbeeren Herz und Gefäße schützen. Viele sekundäre Pflanzenstoffe wirken als Antioxidantien, sie inaktivieren aggressive freie Radikale.
Quellen: http://www.bdem.de/tagungen/tagung5/secpflanzenstoffe.pdf
http://www.ernaehrung.de/tipps/SPS/SPS11.php

PHYSICAL COACHING:

Schlaf

»Der Schlaf ist für den Menschen das, was das Aufziehen für die Uhr.«

ARTHUR SCHOPENHAUER

Die World Health Organization (WHO) definiert Gesundheit und Wohlbefinden/Leistungsfähigkeit mit den drei Komponenten »Bewegung«, »Ernährung« und »Schlaf/Erholung«. Während wir die Komponenten Bewegung und Ernährung aktiv spüren und »bewusst« beeinflussen, rückt der Schlaf meist erst dann in unser Bewusstsein, wenn er gestört ist.

Insgesamt leiden circa dreißig Prozent der Bevölkerung der westlichen Industrieländer unter Schlafproblemen. Schwere und vermutlich behandlungsbedürftige Schlafstörungen haben fast die Hälfte der Betroffenen, somit zehn bis fünfzehn Prozent der Gesamtbevölkerung!

Ein gestörter Schlaf ist jedoch nicht nur als Befindlichkeitsstörung zu sehen, sondern hat auch weitreichende Auswirkungen auf unsere gesamte Lebensqualität, das soziale Leben und die berufliche Leistungsfähigkeit. Aktuelle Studien belegen, dass die Schlafdauer auch auf das Körpergewicht messbaren Einfluss hat; sowohl zu wenig als auch zu viel Schlaf führen zur Gewichtszunahme. Auch die Sterblichkeit steigt sowohl bei zu kurzer als auch zu langer Schlafdauer an. Die höchste Lebenserwartung haben Menschen mit einer Schlafdauer von sieben bis acht Stunden. Regelmäßig eingehaltene Erholungsphasen machen bei Leistungsträgern oft den entscheidenden Unterschied für die Karriere aus.

Was passiert im Schlaf?

Der Schlaf ist kein gleichförmiger Zustand des »Nicht-wach-Seins«, sondern vielmehr ein dynamischer Prozess mit spezieller Aktivität des Gehirns. Im Schlaflabor kann man durch die Erfassung der Biosignale des Körpers (EEG[1], EOG[2], EMG[3] und weitere Parameter) mehrere Schlafstadien unterscheiden. Ein eigenständiges Schlafstadium ist der Traumschlaf, der auch als »REM«-Schlaf bezeichnet wird. Diese Schlafphase ist unter anderem von schnellen Augenbewegungen (Rapid Eye Movement) gekennzeichnet, die die hohe Gehirnaktivität in diesem Stadium begleiten. Die restliche Muskulatur ist gleichzeitig wie gelähmt, da der Mensch ansonsten seine Träume auch mit dem übrigen Körper durchleben würde. Dem REM-Schlaf wird der NON-REM-Schlaf gegenübergestellt. Dieser wird in Leichtschlaf (Stadium 1 und 2) und Tiefschlaf (Stadium 3 und 4) unterteilt.

Das Schlafprofil einer gesunden Nacht besteht aus mehreren Schlafzyklen. Ein Schlafzyklus umfasst dabei die Abfolge der einzelnen aufgeführten Schlafphasen und dauert etwa neunzig bis hundert Minuten. Erholsamer Schlaf ist gekennzeichnet durch das zeitlich geordnete Auftreten dieser Schlafstadien. Die prozentuale Verteilung der einzelnen Schlafphasen ist individuell sehr unterschiedlich. Auch zeigen Schlafbedürfnis und Schlafdauer für jeden Menschen altersabhängige Veränderungen.

Warum schlafen wir eigentlich?

Verschiedene Theorien erklären die Funktion des Schlafes:

Das *restaurative Modell* geht vom Erholungscharakter des Schlafs aus. Bei einem Schlafdefizit wird eine Schlafschuld aufgebaut. Minderung von Aufmerksamkeit, logischem Denkvermögen und Wortfindung sowie allgemeine Verschlechterung des Befindens sind die Folge. Schlafmangel macht dumm!

Das *Immobilisationsmodell* beinhaltet die pflegerische Komponente des Schlafs. Dem Körper wird Zeit gegeben, sich innerlich zu entgiften, Virusinfekte abzuwehren und Bakterien zu bekämpfen. Unser Immunsystem »repariert« bestehende Schäden.

Mit dem *Gedächtnismodell* wird die Vorstellung verbunden, dass im Schlaf unser Gedächtnis konsolidiert wird. Lerninhalte des Tages und

»beeindruckende« Tageserlebnisse werden im Gedächtnis verfestigt, psychophysiologische Belastungen in Erfolgserlebnissen oder positiven Emotionen aufgearbeitet.

Was geschieht, wenn die notwendigen Voraussetzungen für einen erholsamen Schlaf nicht gegeben sind?

Als Beispiel hierfür dient die Schlaf-Wach-Störung beim sogenannten Jetlag. Folge eines Fluges in westliche Richtung ist eine »Durchschlafstörung« mit zu frühem Aufwachen und nachfolgender ausgeprägter Tagesmüdigkeit am Nachmittag. Bei Flügen in östliche Richtung ist eine »Einschlafstörung« die Folge – am nächsten Morgen fühlt man sich zerschlagen und unausgeschlafen. Bei einem regelmäßig »falschen« Umgang mit seinem Schlaf werden die gleichen Symptome auftreten. Über einen längeren Zeitraum »gewöhnt« sich der Betreffende an diesen Zustand, und Abgespanntheit und Leistungsmangel werden als »Normalzustand« angesehen.

Welchen Einfluss haben Schläfrigkeit und Ermüdung auf unser Verhalten?

Generell sind Sinnesleistungen und die Wahrnehmung eingeschränkt. Die Abnahme der Aufmerksamkeit bei gleichzeitiger Verlängerung der Reaktionszeiten ist verbunden mit einem Übersehen von externen Stimuli, einer Abnahme der Tiefensehschärfe und der Verlangsamung von Bewegungen. Auch die Motorik wird durch Abnahme der Präzision und Koordination in Mitleidenschaft gezogen.

Darüber hinaus werden die Denkprozesse massiv beeinträchtigt. Das Nachlassen der Motivation in Verbindung mit einem verringerten Durchsetzungswillen führt zu einem generellen Interessenverlust. Eine Verringerung der Kommunikationsbereitschaft bewirkt eine eher unkritische Urteilsbildung mit möglicherweise gravierenden Folgen in führenden Managementpositionen, soziale Beziehungen werden durch erhöhte Reizbarkeit belastet. Außerdem erhöhen Schlafstörungen das Risiko für einen Verkehrsunfall um das Zwei- bis Achtfache. Nach vierundzwanzig

Stunden ohne Schlaf entsprechen die Reaktionen denen eines Menschen mit einem Blutalkoholspiegel von einem Promille! Bereits 1991 konnte in einer Studie des HUK-Verbandes nachgewiesen werden, dass vierundzwanzig Prozent aller tödlichen Unfälle auf bayerischen Autobahnen auf den Sekundenschlaf beziehungsweise das kurzzeitige Einnicken am Steuer zurückzuführen sind.

Wie kann die Schlafqualität durch Coaching verbessert werden?

Frühere Vorstellungen, man könne den Schlaf »kürzer« und »effizienter« gestalten, wurden wieder verworfen. Das Wissen um die unterschiedlichen Schlaftypen wie Morgentyp »Lerche« und Abendtyp »Eule« hat die gleiche Bedeutung wie die Differenzierung in Kurz- und Langschläfer.

Diese individuellen Besonderheiten werden mit dem Coachee erarbeitet, klinische Schlafstörungen werden ausgeschlossen. Wenn der Coachee zu einem gesunden Schlaf finden möchte, wird er für sein eigenes Schlafprofil, für die entscheidenden störenden und schlaffördernden Faktoren sensibilisiert. Er lernt nachhaltig, störende Automatismen zu überschreiben und die Spielregeln eines »intelligenten Schlafs« zu erkennen und anzuwenden.

Weitere Informationen und Literaturhinweise unter:
http://www.schlaf.de

Anmerkungen

1 **EEG**, Elektroenzephalogramm: Die elektrische Aktivität des Gehirns erzeugt auf der Kopfoberfläche eine niederfrequente und nicht periodische Spannung. Das EEG zeichnet diese Spannungsschwankungen auf.
Alpha-Wellen: entspannter Zustand
Beta-Wellen: Denkphase
Theta-Wellen: Stress

2 **EOG**, Elektrookulogramm: Aufzeichnung der Augenbewegungen mithilfe von Elektroden, die in Augennähe auf der Haut angebracht werden.

3 **EMG,** Elektromyogramm: Messung elektrischer Ströme im Muskel bei Anspannung und im Ruhezustand. Nervenverletzungen können so erkannt und geortet werden.

Teil III

Stress,
Angst,
Glück

Ohne Energieräuber leben

Auf die Frage, was er den Deutschen am meisten wünschen würde, antwortet Altbundeskanzler Helmut Schmidt in einem Interview mit der *Zeit*:

> **»Ich würde ihnen Selbstvertrauen wünschen. Und, bitte sehr: die Abwesenheit von Angst.«**

Dass Angst lähmt, Energie raubt und wichtige Entscheidungen blockiert, ist ein Phänomen, das die meisten Menschen kennen. Angstfrei, autonom und zielgerichtet den wachsenden Anforderungen in Beruf- und Privatleben begegnen zu können – kaum jemand, der sich das nicht wünscht.

An dieser Stelle setzt professionelles Coaching an, mit dem Ziel, die erfolgreiche Selbstbehauptung des Coachees durch emotionale Selbstregulierung zu unterstützen. Mit anderen Worten: Der Coachee lernt, sich (selbst-)bewusst für ein grundlegend positives Lebensgefühl zu entscheiden, das sein zukünftiges Denken und Handeln bestimmen soll.

Die Konzentration auf die wesentlichen Dinge im Leben ist ein erster Schritt in diese Richtung. Energieräubern keinen Raum mehr geben, seine Ressourcen effektiv einsetzen und sich neue Freiräume schaffen, hier unterstützt der Coach den Coachee auf dem Weg zu einer reiferen Persönlichkeit.

Stress und Angst

Das Gehirn ist neugierig und sucht die Herausforderung. Positiver Stress stellt sich ein. Doch es ist auch schnell überfordert und reagiert mit negativem Stress. Wenn diese negative Stressspirale nicht durchbrochen wird, entsteht häufig chronische Angst, mit den bekannten Symptomen. Stress und Angst blockieren Denken, Handeln und Gefühle und sind somit Karrierekiller. Mithilfe eines neurowissenschaftlich basierten Coachings können sie jedoch neutralisiert werden. Dazu entwickeln Coach und Coachee gemeinsam Strategien zur Angstbewältigung, die Blockaden lösen und die Harmonie zwischen Denken, Handeln und Emotionen wiederherstellen. Mit der bewussten Entscheidung für ein Leben ohne Stress und Angst findet der Coachee den Weg aus seiner Angstspirale. Mit neuer Kraft, neuem Mut und neuer Konzentration kann er angstfrei seine eigenen Potenziale erkennen und nutzen.

Erfüllung und Glück

Über Erfüllung und Glück entscheiden nicht Lifestyle und Besitz, sondern vor allem Denkstile und Einstellungen. Im Coaching werden diese auf ihre Struktur hin überprüft und hinterfragt.

Durch das Aufzeigen neuer Blickwinkel eröffnen sich Alternativen zu eingefahrenen Gefühls-, Denk- und Handlungsmustern. Alte Automatismen werden sukzessive überschrieben und durch neue, zielfördernde abgelöst.

Der Mensch, der sich seiner positiven Gefühle bedient, der um seinen Selbstwert weiß und sich in ein gesellschaftliches Ganzes einbindet, erbaut geradezu ein Treibhaus für Erfüllung und Glück.

Kino im Kopf

Stress kann anregen, Stress kann aufregen. Im ersten Fall wirkt er als Erfolg versprechender Ansporn und mobilisiert in uns wertvolle Energien, im zweiten Fall hindert er uns daran, frei und erfolgreich zu handeln. Belastender Dauerstress im Berufs- und Privatleben schränkt die Leistungsfähigkeit ein und stellt zudem ein ernst zu nehmendes Gesundheitsrisiko dar. All dies ist bekannt. Häufig jedoch begegnen wir diesem Phänomen hilflos, unentschlossen, nicht mit der Achtsamkeit, die diese Erfahrung verdient.

Kino im Kopf

Stress ist evolutionsbiologisch eine Schutzreaktion des Körpers bei Gefahr. Durch die Ausschüttung von Stresshormonen wird der Organismus zu Aufmerksamkeit und Anspannung angehalten. Ob die Situation als Gefahr oder als positive Herausforderung wahrgenommen wird, können wir bestimmen.

Stellen Sie sich vor, Sie sitzen im Kino. Es läuft ein spannender Film. Sie fiebern mit. Ihr Puls steigt. Die Bedrohung der Filmhelden treibt Ihren Adrenalinspiegel in die Höhe, Sie geraten in Stress: Ihr Körper reagiert. Sie vergessen die reale Welt und sind ganz in den Geschehnissen auf der Leinwand versunken. Erst wenn das Licht im Saal angeht, Sie wieder in den Alltag eintauchen, fällt die Anspannung von Ihnen ab. Sie gewinnen Abstand. Tatsächlich sind die körperlichen Reaktionen während des Films durch unsere Fantasie entstanden. Bilder haben die Ausschüttung von Hormonen in Gang gebracht, die sich nicht an irgendeine reale Bedrohung knüpfen.

Doch was passiert, wenn die Bedrohung ganz real erscheint? Was, wenn Sie in einer brisanten beruflichen Situation gefordert sind und in Stress geraten? Angriffe, Missverständnisse – Sie malen sich die Konsequenzen aus und wissen, dass es jetzt darauf ankommt, diesen Augenblick zu nutzen, um alles zu klären und richtigzustellen. Der Körper meldet sich, Zittern, ein mulmiges Gefühl überfällt Sie, negative Gedanken lähmen Ihre Energien. Der innere Kampf behindert Sie in Ihren Reaktionsmöglichkeiten oder lähmt Sie sogar.

Wenn der Körper in ständiger Alarmbereitschaft bleibt, kann das Folgen haben: Nervosität, Kopfschmerzen, erhöhter Blutdruck, Asthma, Arteriosklerose, chronisch werdender Stress und schließlich lähmende Schlafstörungen, Depression oder gar Angst.

Von der Herausforderung zur Überforderung ...

Was uns überfordernd oder bedrohlich erscheint, kann höchst unterschiedlicher Natur sein, da die Bewertung einer Situation immer von den eigenen Interpretationen, dem eigenen Empfinden und der eigenen Erfahrung abhängig ist. Nicht nur massive und einschneidende Ereignisse verursachen Stress, häufig sind es gerade die kleinen täglichen Ärgernisse, die für die Entstehung von Stressfolgeschäden verantwortlich sind und unsere Belastungstoleranz einschränken.

Von der Herausforderung bis zur Überforderung ist es dann oft nur ein kleiner Schritt. Um den negativen Folgen einer möglichen Dauerbelastung entgegenzuwirken, wird im Coaching die eigene Wahrnehmung für reale Warnsignale sensibilisiert. Es werden entsprechende Strategien entwickelt und damit wird ein Schutzschild gegen Stressoren gebildet, der unsere Unabhängigkeit im Fühlen, Denken und Handeln sichert.

Lernen wir also, mit Stress konstruktiv umzugehen, können wir die biologischen Vorgänge als wertvollen Antrieb für unsere Ziele nutzen. Unter positiver Anspannung, das heißt durch eine Neuausrichtung des Blickwinkels, werden Gefühle und Kräfte in konstruktive Denk- und Verhaltensbahnen kanalisiert. Das sonst voll automatisierte und geschlossene neurobiologische System öffnet sich kurzzeitig für neue Verschaltungen. Kreative Lösungen schwieriger Probleme werden ganz plötzlich möglich. Stress und Leistungsbereitschaft hängen somit eng zusammen, bedingen sich, und wir entscheiden, auf welcher Seite wir stehen.

Möglichkeiten nutzen

Der Coachee kann zusammen mit dem Coach Strategien zur Stressbewältigung entwickeln. Umfeld, innere Einstellung und unmittelbare Stresssituation sind Ausgangspunkte zur Lösung. Die Widerstandsfähigkeit wird durch die gezielte Stärkung der Persönlichkeit, durch Bewusstmachung und Aufrufen der eigenen Möglichkeiten und Potenziale erreicht, die unbemerkt hinter einem Vorhang der Selbstbegrenzung auf ihren Auftritt warten.

> **Nicht allein Einsicht macht Neuentwicklung möglich, sondern die gewollte, trainierte und schließlich automatisierte Reaktionsweise.**

Stressoren und ihre Symptome

Stressoren können in unterschiedlicher Weise klassifiziert werden. Zu den Stressoren zählen alle Reize, die eine gewisse Intensität oder Dauer über- oder unterschreiten, wie Reizüberflutung oder Deprivation. Schädlicher Stress wird großenteils jedoch auch durch irrationale Wahrnehmungen und Denkmuster selbst produziert (Stress entsteht im Gehirn).

Eine pragmatische Klassifikation von Stressoren unterscheidet objektive und subjektive Stressoren.

Objektive Stressoren sind beispielsweise chemische, körperliche, seelische und soziale Stressoren wie:

- Chemikalien, Drogen
- Hitze, Kälte / Unterkühlung, Hunger, Durst, Lärm, intensives Licht, Schlafentzug, Isolation, Verletzungen, Krankheiten / Infektionen
- Meinungsverschiedenheiten, Ablehnung durch andere Menschen, Gruppendruck, Versagensängste, Konflikte in der Partnerschaft, Über- oder Unterforderung im Beruf
- Schlechte Lebens- und Arbeitsbedingungen, übermäßiger Druck auf Unternehmensebene
- Nichterfüllung wesentlicher Bedürfnisse
- Verlust von Angehörigen oder eines geliebten Menschen

Zu den *subjektiven Stressoren* zählen zum Beispiel:

- Ärger, Wut, Feindseligkeit
- Angst, negative Denkmuster, Ungeduld
- Dominanzstreben oder Konkurrenzdenken
- Falsche Situationsbewertungen, selbst gemachter Zeit- und Leistungsdruck

- Eine zu hohe Erwartungshaltung, Enttäuschungen
- Eingebildete Bedrohung oder Hilflosigkeit

Aus der Sicht der Psychologie sind vor allem seelische und soziale Stressoren interessant, wie sie etwa im Arbeitsbereich auftreten können:

- Organisationsbedingte Stressoren (wie bürokratische Strukturen, steile Hierarchien, unklare Kompetenzen)
- Rollenbedingte Stressoren (wie Rollenambiguität oder Rollenkonflikte, etwa zwischen Familie und Karriere)

Merkmale von Stress (Stresssymptome)

Typische Stressmerkmale äußern sich, wie jede andere Reaktion auch, auf vier Ebenen:

- der kognitiven,
- der emotionalen,
- der vegetativ-hormonellen und
- der muskulären Ebene.

Stresssymptome der *kognitiven Ebene* sind beispielweise:

- Leere im Kopf (»Blackout«), Konzentrations- und Gedächtnisstörungen
- Denkblockaden, Gedankenkreisel, Leistungsstörungen
- Scheuklappeneffekt beziehungsweise Rigidität, Wahrnehmungsstörungen
- Realitätsflucht, Tag- oder Albträume

Stress äußert sich auf der *emotionalen Ebene* insbesondere durch:

- Schreck, Panik, Aggressionsbereitschaft
- Unsicherheit, Unzufriedenheit, Unausgeglichenheit
- Gefühlsschwankungen, Nervosität, Gereiztheit
- Depressionen, Apathie oder Hypochondrie

Auf der *vegetativ-hormonellen Ebene* treten Symptome auf wie:

- Trockener Mund, Kloß im Hals, flaues Gefühl im Magen, weiche Knie
- Hervortreten der Adern, Tränen, Engegefühl in der Brust
- Herz-Kreislauf-Beschwerden wie Herzrasen oder Herzstolpern
- Hoher Blutdruck, erhöhtes Infarktrisiko, Verdauungsbeschwerden
- Gastritis, Schlafstörungen, chronische Müdigkeit, Anfälligkeit für Infektionen
- Hautveränderungen, übermäßiges Schwitzen, Schwindelanfälle
- Atembeschwerden oder Migräne

Auf der *muskulären Ebene* manifestiert sich Stress in folgender Symptomatik:

- Allgemeine Verspanntheit, starre Mimik, Spannungskopfschmerz
- Zähneknirschen, verzerrtes Gesicht, Stottern, nervöse Gestik
- Rückenschmerzen, Fingertrommeln, Faustballen, Krampfneigung
- Muskelzittern, Ticks, Entspannungsunfähigkeit

Eine Antwort auf Stress?

Menschen reagieren anlage- und sozialisationsbedingt unterschiedlich empfindlich auf Stress. Wie souverän ein Erwachsener mit Stress umzugehen vermag und wie kontrolliert die Hormonausschüttung im Körper erfolgt, ist nach Auffassung von Hirnforschern auch von der Entwicklung in der frühen Kindheit abhängig.

In dieser Phase kann sich das Gehirn durch verschiedene Einflüsse zu einem stresslabilen Organ entwickeln.

Personen mit niedrigem Selbstwertgefühl können sich schlechter auf Stress einstellen, ihr Cortisolspiegel normalisiert sich nicht, wenn sie wiederholt denselben Stresssituationen ausgesetzt werden.

Zur Bewältigung beruflicher Anforderungen und privater Belastungen ist die Kenntnis der grundlegenden Einstellungs- und Persönlichkeitsmuster für die betreffende Person von Bedeutung.[1]

Eine Typologie problematischer Lebenseinstellungen, die Menschen unbemerkt in eine chronische Überforderung führen können, wurde von Mary Dempcy und Rene Tihista[2] beschrieben und von Prof. Ulrich Völker (EVFH, Berlin)[3] modifiziert.

Beispielhafte Persönlichkeitstypen nach einer Typologie der Überforderten sind:

- Der sogenannte Eilige
- Der Überangepasste
- Der Gereizte
- Der Streber
- Der Perfektionist
- Der Pessimist
- Der Undisziplinierte

Wenn man sich die jeweils irrationalen Gedanken und Gefühle bewusst macht, können daraus für die betreffenden »Stresstypen« Verhaltensänderungen abgeleitet werden.

Coaching – eine Antwort auf Stress!

Coaching befähigt und unterstützt den Klienten bei der Realisierung seiner Wünsche, öffnet ihn für Neues und damit für Lernprozesse als Basis für dauerhafte, für ihn und seine Umgebung vorteilhafte Veränderungen. Unter anderem geht es darum, auf Unbekanntes neugierig zuzugehen, Widersprüchliches ohne Entscheidungsdruck zu assimilieren (neue Erfahrungen einer alten kognitiven Struktur anzupassen) oder einfach eine Zeit lang nebeneinander stehen zu lassen, ohne dass Stress oder stressrelevante Mechanismen ausgelöst oder verstärkt würden – und in Ruhe und mit neuer Kraft bevorstehende Aufgaben zu lösen und herausfordernde Themen anzugehen.

Neues, Lernprozesse, Belastungen und/oder Veränderungen, ob im Beruf oder privaten Bereich – all dies sind Nährböden für Unsicherheiten, Ängste, Rückgriffe auf altbekannte Denk- und Verhaltensmuster und Stress. Coaching verstehen wir insofern als eine vorzügliche und effektive Möglichkeit, den oben dargestellten, zum Teil drastischen stressbedingten Auswirkungen auf die Gefühlslage, die physische Gesundheit und die persönliche oder berufliche Leistungsfähigkeit vorzubeugen und entgegenzuwirken.

Neben der Kenntnis der grundlegenden Stress auslösenden Zusammenhänge sowie der anzustrebenden Ausschaltung eines schädigenden Stressors müssen meist Veränderungen im Fühlen, Denken und Handeln in Bezug auf den Stress gefunden werden, um hierdurch Kräfte und Motivationen freizusetzen. Die freigesetzten oder wieder entdeckten Ressourcen ermöglichen und befördern beim Coachee eine Öffnung für Neues beziehungsweise für Lernprozesse. Es geht dann darum, diese in der eigenen Persönlichkeit sicher, schnell und stabil zu verankern, damit der Coachee derjenige ist, dessen Gehirn zu kreativen Lösungswegen fähig ist, dem der Beruf und das Private, ja das Leben insgesamt leicht von der Hand geht.

Selbstbehauptung statt »Fight or Flight«

Entscheidungen, Zeitknappheit, Komplexität, Umstrukturierungen – der Alltag in Führungspositionen macht manchmal atemlos und fordert oft das Äußerste. Stress zehrt an den Energiereserven, Hormonkaskaden treiben den Körper zu immer mehr Leistung an, Warnsignale werden verdrängt, Geist und Körper sind erschöpft, Fehler und Leistungsabfall folgen, und plötzlich ist sie da – die Angst.

Obwohl Angst in unserem Bewusstsein negativ besetzt ist, ist sie im Grunde eine überlebensnotwendige Funktion unseres Körpers und ein wichtiger Bestandteil unseres evolutionsbedingten Inventars. Sie löst Flucht oder Angriff aus.

Die Angst als momentaner Zustand ist nur eine vorübergehende Empfindung infolge einer »realen«, also einer als unmittelbar empfundenen Gefahr; sie ist es, die uns instinktiv zur Seite springen lässt, wenn ein Auto zu dicht an uns vorbeifährt, oder die unseren Puls rasen lässt, wenn wir auf ein Podium treten, um einen Vortrag zu halten. Ist die »Gefahr« vorbei, wird der Hormonrausch, den unser Körper bei Angst durchlebt, wieder abgebaut.

Angst als ständiger Begleiter hingegen verselbstständigt sich. Länger anhaltende Stress-Anpassungsreaktionen bedingen eine latente anhaltende Angststimmung, eine Neigung zu Herzinfarkten, Wutausbrüchen und ähnlichen Verhaltensformen sowie Cortisol-Ausschüttungen. Die Folge ist ein Nachlassen der Wirksamkeit des Analysezentrums der Großhirnrinde und eine Schwächung des Immunsystems. Jetzt grübeln wir, klettern in ein Sorgenkarussell, aus dem wir den Ausstieg nicht finden, oder wir steigern uns in Horrorszenarien hinein.

Fliehen oder kämpfen?

Ein optisches Signal gelangt über das Auge und den Sehnerv in wenigen Millisekunden bis zum limbischen System, wo unter anderem der Mandelkern – die »Angstzentrale« – sitzt. Wenige Millisekunden später kommt der Reiz im Thalamus an, einem Bereich, den man mit »Schaltzentrale oder Tor zur unbewussten Wahrnehmung« umschreiben kann. Er registriert: Gefährlich schnelles Auto nähert sich.

Gerade will er die Reize auch an die Großhirnrinde funken, da hat der Mandelkern im limbischen System schon längst entschieden. Und wenn sein Urteil »Angst« lautet, löst er das gesamte »Angstprogramm« aus. Der Körper reagiert mit den erforderlichen Notfallmaßnahmen: Steuerzentren veranlassen, dass Stresshormone ausgeschüttet werden. Der Körper wird reflexhaft in Alarmbereitschaft gesetzt. Adrenalin strömt ins Blut, das Herz schlägt schneller, die Atmung wird flacher und beschleunigt sich, das Analysezentrum wird »paralysiert«. Fliehen oder kämpfen – darauf ist der Körper nun in Sekundenschnelle vorbereitet. Wir springen zur Seite, das Auto fährt an uns vorbei.

Außer Betrieb?

Während die Angst schon längst körperliche Reaktionen ausgelöst hat, wird erst jetzt bewusst wahrgenommen, was eigentlich geschehen ist. Das Großhirn – speziell der präfrontale Kortex oder das Stirnhirn – hat mit der Verarbeitung der Informationen begonnen. Über die Sehrinde und weitere Teile des Großhirns erkennen wir jetzt nicht nur das gefährlich schnelle Objekt als Auto, sondern bewerten es im Stirnhirn auch anhand der Erinnerungen und Erfahrungen mit bisherigen Verkehrssituationen als Gefahr. In Bruchteilen von Sekunden wird also im Nachhinein abgewogen: Bedeutete das Auto eine tatsächliche Gefahr?

Wenn das Analysezentrum nicht durch Stresshormone nahezu wirkungslos geworden ist, entscheidet es, ob das Auto für uns eine Gefahr war oder nicht. Diese Information wird dann an den immer noch alarmierten Mandelkern geschickt. Bei Entwarnung wird die Angstreaktion heruntergefahren und die körperlichen Symptome klingen ab. Wir sind zwar erschrocken und haben reagiert, können nun aber erleichtert durchatmen. Ganz anders verhält es sich, wenn die Angst zum ständigen Begleiter geworden ist. Bei dieser Form der Angst hat das Stirnhirn viel weniger Chancen, zu entscheiden. Warum ist das Stirnhirn hier häufig überfordert? Gehirnforscher vermuten, dass negative Erinnerungen, wenn sie existenzbedrohend sind, automatisch fester verankert werden, somit auch wesentlich schwerer überschrieben werden können.

Was kann passieren? Die Angst hat das Gehirn im »Griff«. Selbst dann, wenn das Stirnhirn dem alarmierten Mandelkern Entwarnung gibt, veranlasst dieser weiterhin eine Ausschüttung von »Stresshormonen«, zum Beispiel auch von Cortisol aus der Nebennierenrinde. Das Stirnhirn wird damit »außer Betrieb« gesetzt. Außerdem ist der »interne Dauerstressor« Cortisol lange Zeit wirksam und gefährdet die körperliche und die mentale Gesundheit.

Angst positiv nutzen

Heraus aus der Angstspirale: Es nützt nichts, die Angstempfindung als Symptom zu unterdrücken, zum Beispiel durch Ablenkung, Vermeidung, Angriff oder Flucht. Diese Handlungsweisen verstärken die Angstproblematik nur und helfen nicht, sie zu überwinden. Angst in frühen Stadien ist nichts Negatives, sondern verdeutlicht, dass Veränderungen von Nutzen sind.

> **Die Auseinandersetzung mit der Angst hat daher nicht zum Ziel, vollkommene Angstfreiheit zu erlangen, sondern mit der Angst kreativ umzugehen.**

Der Coachee lernt, seine Angst zuzulassen, sie und ihre Ursachen insoweit zu verstehen, dass sie für eine persönliche Weiterentwicklung zu nutzen sind.

Glück und die Leichtigkeit des Seins

Wir hören in letzter Zeit von zahlreichen Seiten, worauf es beim Glück ankommt, welche Wege »garantiert und ganz einfach« zum ersehnten Zustand führen. Wir werden nicht müde, auf ein glückliches Leben zu hoffen, und vertrauen den zahlreichen Wohlfühlpropheten mit ihren zweifelhaften Quellen und Glücksratschlägen.

»Glück ist ein Kontrasterlebnis«, wusste schon Sigmund Freud. Und die Glücksforschung bestätigt ihn. Ein erfülltes Leben, das möglichst viele Glücksmomente enthält, schaut nicht zurück, es konzentriert sich auf die Gegenwart. Es blickt auch nicht nach vorn. Es lebt im Hier und Heute.

Wahre Lebenskunst ist, sich auch bei Gegenwind seines Glückes bewusst zu werden. Irgendetwas, was mit Glück zu tun hat, ist immer um einen herum, es ist die Bedeutung, die wir den Dingen zukommen lassen. Und ob wir offen, empfänglich für das Lachen unserer Kinder sind und in deren Gefühlswelt eintauchen können und eigene bedeutungsschwangere Probleme hinter uns lassen können.

Gibt es einen Maßstab für das Glück?[4] Wer sein Potenzial ausschöpft, Talente und Fähigkeiten entwickelt und sich um einen Sinn bemüht, müsste nach den neuesten Erkenntnissen der psychologischen Glücksforschung glücklich und zufrieden sein.

Die Positive Psychologie identifiziert im Wesentlichen drei glückstiftende Lebensstile:

- *Das hedonistische Leben:* Glück als Genuss angenehmer, lustbetonter Dinge bei gleichzeitiger Vermeidung lustfeindlicher Faktoren.
- *Das sinnerfüllte Leben,* in dem man vor allem nach tieferem Lebenssinn strebt und danach, die eigenen Tugenden und Charakterstärken in den Dienst einer höheren Sache zu stellen.

- *Das aktive Leben*, in dem die Vervollkommnung der eigenen Fähigkeiten und Interessen im Vordergrund steht, zum Beispiel das Engagement im Beruf, der »Flow« in künstlerischen oder kulturellen Aktivitäten – im Grunde die gute alte »Selbstverwirklichung«.

In großen internationalen Studien, vor allem in Europa und den USA, wird erforscht, welcher Stil uns am ehesten glücklich macht. Bisherige Erkenntnis: Alle drei können für sich genommen glücksbringend sein; aber am besten fördert sein Lebensglück, wer eine Mischung der drei Stile anstrebt: genussvoll leben, sich um Lebenssinn bemühen, seine Talente und Fähigkeiten entwickeln. Wer in diesem Sinne »das volle Leben« praktiziert, rangiert ganz oben auf den Skalen von Zufriedenheit und Glück.

Glück ist also ohne Zweifel eine Frage des Lebensstils. Aber jenseits solcher eher globalen Betrachtungsweisen zeigt die psychologische Mikroanalyse, dass es auch von dem Bild abhängt, das wir von uns selbst haben. Wie wir über uns denken, beeinflusst das seelische Wohlbefinden maßgeblich.

> **»Wenn jemand glücklich ist, muss man nur Geduld haben – das geht vorüber.«**
>
> GARRISON KEILLOR IN ROBERT ALTMANS FILM »LAST RADIO SHOW«

Immer häufiger taucht in den Forschungsprogrammen das Bild des »hedonistischen Hamsterrades« auf. Es illustriert die Grenzen des hedonistischen Lebensstils: Wir gewöhnen uns sehr schnell an positive Gefühle, die wir von materiellem Wohlstand, von Erfolg und Konsum erwarten. Das neue Auto, die Beförderung, der alltägliche Komfort, der gestiegene Lebensstandard – all das macht uns für kurze Zeit glücklicher, wird jedoch schon bald selbstverständlich. Dann müssen wir eben schneller im Hamsterrad laufen, um das Wohlbefinden aufrechtzuerhalten. Wenn wir diese Dinge als wichtig oder gar als einzige Quelle für unser Glück erachten, brauchen wir bald ein noch schickeres Auto, streben einen noch besser dotierten Posten an, wollen in ein noch größeres Haus ziehen. Der anstrengende, langfristig erschöpfende Kampf um die begehrten Glücksgüter findet kein Ende, das ist das sogenannte »Wohlstandsparadox«: Mehr macht meistens nicht glücklicher.

Der britische Psychologe David Nettle sieht das Dilemma des menschlichen Strebens nach möglichst vielen Glücksempfindungen darin, dass es zwei sehr unterschiedliche Gehirnmechanismen gibt – nämlich einen für das »Begehren« und einen für das »Genießen« oder »Mögen«: »Die Dinge, die man unbedingt haben will, sind nicht dieselben Dinge, die man auf lange Sicht gerne hat.«

Begehren ist unersättlich

Eine Droge wie Nikotin beispielsweise produziert Gier, aber eigentlich nur wenig Lust. Und dann gibt es die Dinge, die wir wirklich mögen und genießen und deren Wirkung sich nicht so schnell abnutzt – gute Freunde haben, die Schönheiten der Natur genießen, spirituelle Erfahrungen. Das »Begehren« bezieht zwei entwicklungsgeschichtlich alte Gehirnregionen ein, die Amygdala und den Nucleus accumbens, und beide kommunizieren mit den Belohnungssystemen des Gehirns mithilfe des Botenstoffes Dopamin.

Das »Mögen« ist dagegen mit den körpereigenen Opioiden verbunden. Das sind Stoffe, die uns das Genießen ermöglichen und außerdem auch schmerzdämpfende Wirkung besitzen.

Glück, so sieht es Nettle, beruht nicht auf Begehren oder Genießen allein, es braucht einen dritten chemischen Stoff im Gehirn, nämlich Serotonin. Dieser Botenstoff, der auch als Bestandteil antidepressiver Medikamente verwendet wird, ist verantwortlich für die Balance zwischen negativen und positiven Gefühlen. Er kann Sorgen, Furcht oder Panik eindämmen und uns friedlich, gelassen und sozial stimmen. So beeinflusst Serotonin unsere Kontaktfreudigkeit und Kooperationsbereitschaft, beides Verhaltensweisen, mit denen wir unser »soziales Kapital« vermehren können und so längerfristig unser Glück festigen.

Damit soll das Begehren oder Habenwollen-Programm nicht abgewertet werden – es hat seinen Sinn und gehört zum Leben. Im Grunde kann es nur durch Willenskraft, durch Askese – und dann meistens nur vorübergehend – unterdrückt werden. Es kommt aber darauf an, dass wir Glück nicht ausschließlich von diesem Mechanismus erwarten, sondern auch den anderen, längerfristig wirkenden Glücksmechanismen eine Chance geben.

Über Glück, weniger Glück oder Nichtglück entscheiden jedoch nicht nur Lebensstile und Gehirnchemie, sondern auch Denkstile und Einstellungen. Zum Beispiel der Modus, in dem wir unsere Erlebnisse verarbeiten, codieren und im Gedächtnis abspeichern.

Der Nobelpreisträger für Wirtschaftswissenschaften 2002, Daniel Kahneman, hat die Codierung von Erfahrungen und Erlebnissen intensiv erforscht – mit der sogenannten Tages-Rekonstruktions-Methode: Die Versuchsteilnehmer führten über längere Zeiträume hinweg täglich eine Art Logbuch, in dem sie den vorangegangenen Tag möglichst detailliert beschrieben – was sie getan hatten, mit wem sie zusammen gewesen waren und wie sie sich dabei jeweils gefühlt hatten. Bei einer Gruppe von neunhundert Frauen stellte sich das Ergebnis so dar: Die fünf positivsten Aktivitäten waren (in absteigender Reihenfolge) Sex, Plaudern, Entspannen, Meditieren (oder Beten) und Essen. Es folgten auf den weiteren Plätzen sportliche Aktivitäten und Fernsehen. Ziemlich weit unten in der Liste, noch hinter Kochen und nur knapp vor Putzen/Waschen, tauchte dann »Sich um die Kinder kümmern« auf.

Das überrascht, weil Kinder als Quelle des Glücks schlechthin gelten, zumindest wird das in allen Umfragen zum Thema fast stereotyp behauptet. So etwa nannten auf die Frage: »Was ist die eine Sache, die Sie in Ihrem Leben am glücklichsten gemacht hat?« bei einer Umfrage des *Time Magazine* fünfunddreißig Prozent der Befragten »mein(e) Kind(er)« – und nur neun Prozent den Partner! Diese Diskrepanz wirft fundamentale Fragen für die Glücksforschung auf.

Was ist der wirkliche Maßstab für das Glück?

Sind es eher die »wahren« Details des Alltags (»Gestern haben die Kinder wieder besonders genervt!«), wie sie in der Protokollmethode erhoben wurden? Sind es die eher »geschönten« (oder geschönt wirkenden) pauschalen Bewertungen (»Meine Kinder sind mein größtes Glück!«), wie sie in Umfragen abgegeben wurden?

Es scheint, als ob unser »Gesamtglück« eben nicht die Summe unserer schönen Momente minus die Summe der weniger glücklichen ist. Daniel Kahneman unterscheidet deshalb zwischen dem »erlebten Selbst« und dem »sich erinnernden Selbst«.

Ähnlich verhält es sich da auch bei anderen Erlebnissen: Wenn wir den letzten Urlaub von Tag zu Tag protokollieren würden, dann käme vermutlich eine Reihe negativer Episoden zum Vorschein – arrogante Kellner, endlose Staus, unsaubere Strände und so weiter –, aber »insgesamt« war es doch ein toller Urlaub. Der Rückblick des »sich erinnernden Selbst« verklärt das Ganze, und der eine magische oder romantische Moment liefert die positive Überschrift dazu: »Weißt du noch – diese kleine Taverne am Strand, abends, nur wir zwei?«

Für den Glücksforscher Martin Seligman sind die Erinnerungen des reflektierenden Selbst ohnehin wichtiger für ein glückliches Leben als die flüchtigen Episoden von Lust und Unlust im Alltag: »Ich glaube, wir sind sehr viel mehr unsere Erinnerungen als die Summe unserer Erfahrungen.«

Glück: Zeit und Ruhe

Wir werden von einem anschwellenden Strom von Informationen überflutet, die es zu sortieren und zu verarbeiten gilt. Wir möchten auf dem Laufenden bleiben, wir wollen die Kontrolle über unser Leben behalten – und glauben, zu diesem Zweck immer mehr Daten und Zahlen kennen zu müssen. Und aus Angst, etwas zu verpassen oder den Anschluss zu verlieren, entgleitet uns die Kontrolle immer mehr.

Immer häufiger wollen wir der Zeitnot ein Schnippchen schlagen, indem wir zu Multitaskern werden. Dank moderner Technik können wir zwei oder mehr Dinge gleichzeitig erledigen. Glauben wir. Aber so geraten wir nur noch tiefer in die Falle: Multitasking ist ein moderner Mythos – es ist nicht möglich, die Aufmerksamkeit zwischen zwei Aufgaben so zu teilen, dass sie mit gleicher Konzentration und Qualität erledigt werden. Meist leiden beide Aufgaben unter der geteilten Zuwendung.

Geübte Hörer erkennen an der Stimme, ob ihr Telefonpartner während des Gesprächs noch etwas anderes macht – etwa die E-Mails an seinem PC ansieht. Sicher, wir können einige Aufgaben des Alltags mithilfe des »Autopiloten« erledigen – etwa Autofahren – und haben dann noch Kapazität für andere Aktivitäten, etwa ein Gespräch oder Radiohören. Aber schon beim Telefonieren im Auto wird es höchst gefährlich. Hinzu kommt, dass Multitasking auf Dauer nervös macht und schnell erschöpft. Das Übermaß an Informationen und Daten, aber auch an Kontakten und Objekten führt tendenziell zu psychischer und physischer Vermüllung. Die Masse der konkurrierenden Bilder und Geräusche, der Zahlen und Fakten, der Ereignisse und Gegenstände erstarrt in wachsenden Halden, die jederzeit über uns zusammenbrechen können. Wir werden zu Messies, zu Gefangenen des Gesammelten, das wir nicht wegzuwerfen wagen: Vielleicht ist es doch noch mal nützlich, so wie etwa die angelesenen Simplify-Ratgeber im überfüllten Bücherregal.

Alles muss immer schneller gehen. Wir haben das Tempo verinnerlicht: Warteschlangen oder rote Ampeln machen uns nervös, langatmige Redner oder Filme ebenso. Im Lift drücken wir die Türschließtaste mehrmals hektisch, wenn er nicht sofort losfährt. Viele »zeitsparende« Techniken verwöhnen uns, mit ihrer Hilfe sind wir schnell wie nie zuvor.

Was tun, wenn uns die Schnelligkeit, die Vielfalt, die Kakofonie des modernen Lebens zu sehr anstrengt? Wir bemühen uns meistens, das Problem vernünftig zu lösen: mit vermehrter geistiger Anstrengung, »Work-Life-Balance«, mehr Logik und mehr Planung.

Wir versuchen, uns besser zu organisieren und unsere Zeit gut zu »managen«. Natürlich hilft es, den Alltag zu strukturieren, Prioritäten zu setzen und Stress, Zeiträuber und andere Störfaktoren zu beseitigen. Aber auch Menschen, die in diesem Sinne gut organisiert sind, fühlen sich zunehmend überwältigt, zerstreut und ausgebrannt.

Eine Heilsarmee von Ratgebern will uns helfen, wieder zu uns selbst zu finden und zur Ruhe zu kommen: mit noch besseren Ordnungssystemen, durch eine Entrümpelung des Lebens, Meditation oder andere Selbstberuhigungstechniken, durch das Delegieren von Aufgaben, mithilfe eines noch effektiveren Selbstmanagements und so weiter. Sich durch diese Ratgeber zu arbeiten, kann schnell in noch mehr Infostress ausarten – und paradoxerweise in neue Aufgaben, die nun auch noch zu erledigen sind.[5]

Konzentration auf das Wesentliche

Was ist das Wesentliche? Eine Bestandsaufnahme kann diese Frage klären: Welche Projekte, Gewohnheiten, Menschen und Ideen kosten übermäßig viel Zeit, ohne uns auch nur annähernd etwas zurückzugeben? Ein rigoroses Auswahlverfahren erleichtert die Orientierung: Einige Dinge können wir ein für alle Mal festlegen, etwa eine berufliche Richtung oder eine Lebenspartnerschaft, andere müssen wir immer wieder neu entscheiden, wenn wir uns nicht völlig vom Informationsfluss abschneiden wollen.

Am leichtesten erkennt man das Wesentliche aber daran: Wenn uns etwas interessiert, fällt es uns leicht, die vielen Ablenkungen und Abschweifungen auszublenden. Wir sind zu sehr involviert und absorbiert – wir sind wie von selbst konzentriert. Das Kultivieren unserer wahren Interessen ist der Kern der Konzentrationsfähigkeit.

Der Unkonzentriertheit entgeht man am leichtesten, wenn man das tut, was man am besten kann. Deshalb ist jeder Versuch, eine Sache wirklich gut zu machen, auf einem Gebiet Experte und Könner zu sein, ein Schutz gegen Zerstreuung und Zeitvergeudung. Der Versuch dagegen, auf vielen Gebieten zu dilettieren und alles mitzunehmen, was irgendwie interessant erscheint, ist der Weg in die Hyperaktivität. Defizite kompensieren zu wollen, ist zudem meist anstrengend und frustrierend.

Positive Gefühle

Gefühle sind der weithin unterschätzte Schlüssel zur Bewältigung der modernen Herausforderungen. Wir glauben zwar, unser Leben durch noch mehr Rationalität in den Griff zu bekommen. Und wir bekämpfen die negativen Begleiterscheinungen des modernen Lebens: Ärger, Angst, Erschöpfung und Niedergeschlagenheit. Aber nur unter günstigen emotionalen Bedingungen können wir uns gegen die modernen Plagen wappnen.

Gegen den wachsenden Geräuschpegel, gegen Informationsflut und Aufmerksamkeitsdefizite helfen uns positive Emotionen wie Optimismus, Selbstvertrauen, Geborgenheit, Gelassenheit. Die Erforschung dieser positiven Gefühle zeigt immer deutlicher, dass sie nicht nur »an sich« angenehm sind. Sie sind kein Luxus in einer wettbewerbsorientierten Welt, sondern die Voraussetzung für ein optimales kognitives Funktionieren:

Wir denken und entscheiden besser, wenn wir uns gut fühlen – wenn wir also nicht angespannt, verärgert oder erschöpft sind.

Diese Wohlfühlfaktoren basieren zum größten Teil auf engen, sorgfältig gepflegten Bindungen und Beziehungen zu den wirklich bedeutsamen Menschen in unserem Leben. Nicht eine möglichst große Zahl solcher Beziehungen ist wichtig, sondern ihre Qualität. Auch hier gilt die Konzentration auf das Wesentliche: Wenn wir uns zu sehr engagieren – uns etwa im Glanze eines allzu großen Freundeskreises sonnen –, ist das eher kontraproduktiv. Zur Pflege der sozialen Wurzeln unserer positiven Gefühle gehört auch, dass wir belastende, unbefriedigende Beziehungen beenden, die wir vielleicht aus Prestige- und Nützlichkeitserwägungen aufrechterhalten haben. Solche Kontakte erschöpfen und blockieren.

Abschalten – das klingt einfach

Wir müssen uns zunächst der schleichenden Bedrohungen unseres begrenzten Zeit- und Aufmerksamkeitsbudgets durch tausend Zeitdiebe und Ablenkungen bewusst werden. Und wir müssen uns auf die eigenen Stärken und Interessen fokussieren, auf die Menschen, die uns etwas bedeuten. Erst wenn wir das buchstäbliche Abschalten und Ausschalten von Informationen und Stimulationen nicht mehr als Verzicht oder Verlust empfinden, werden wir freier. Und dann wird es leichter, auch im übertragenen Sinne einfach mal abzuschalten.

Teil IV

Wissenschaftlicher Anhang

Neurobiologische Grundlagen von Stress

Physiologische Grundlagen von Stress

Stress und die ökonomischen Folgen

Stress und Erkrankungen

Neurobiologische Grundlagen von Stress

Warum das Thema STRESS für uns so wichtig ist: Wer Coaching in Anspruch nimmt, steht meist vor neuen Anforderungen beziehungsweise Herausforderungen. Diese kann der Coachee selbst gesucht haben, oder er erwartet sie, oder ihm wurden sie angeboten, vorgesetzt, schlimmstenfalls aufgedrückt.

Eine solche Situation erzeugt Verunsicherung – mal mehr, mal weniger, im einen Fall stimulierender, im anderen Fall blockierender Art. Sowohl die Situation selbst als auch die damit verbundenen Gedanken, das damit verbundene Gefühl und ebenso die darauf folgende Reaktion werden gelegentlich als STRESS erlebt und/oder bezeichnet.

Das englische Wort »STRESS« ist eines der wenigen Wörter, das in seiner Originalform weltweit in anderen Sprachen identisch verwendet wird – auch in Sprachen, die das lateinische Alphabet nicht verwenden. Der Begriff STRESS gehört zu den von einer Jury gewählten Wörtern des 20. Jahrhunderts. Der englische Begriff »stress« (Druck, Kraft) wurde ursprünglich aus der Physik entlehnt und zunächst in der Geologie im Hinblick auf tektonische Vorgänge sowie später auch in der Werkstoffkunde zur Beschreibung unter Zug und Druck stehenden Materials verwendet. Der Mediziner Hans Selye benutzte das Wort 1936 erstmalig, um das von ihm untersuchte medizinische Syndrom zu beschreiben – »Stress«.[6]

Stress könnte als ein Zustand definiert werden, in dem das Gleichgewicht des Organismus (physisch wahrgenommene oder auch psychosoziale Bedrohung der Homöostase) gefährdet ist, aber ebenso als ein Zustand der Alarmbereitschaft beziehungsweise eine nicht spezifische Antwort des Organismus, der sich auf eine potenziell überfordernde Situation einstellt. Eine allgemeingültige, übergeordnete Definition für Stress fehlt bisher. Bei den Stresskonzepten gibt es drei grundlegende Stresstheorie-Ansätze (Stress als Reiz, Stress als Reaktion, Stress als Beziehungsphänomen).

Stresstheorien, Stresskonzepte

Walter B. Cannon war 1932 der erste Wissenschaftler, der das »Fight-or-Flight-Phänomen« im Zusammenhang mit einem Stressor beschrieb (Stress als Reiz).[7] Den Anstoß zur intensiveren Stressforschung gab 1936 jedoch der Mediziner Hans Selye (Stress als Reaktion). Selye prägte den Begriff des »Allgemeinen Adaptationssyndroms (AAS)« oder synonym das »Generalisierte Anpassungssyndrom (GAS)«, worunter er drei Reaktionsstufen bei Stresssituationen (Alarmreaktion, Resistenzstadium, Erschöpfung) verstand.[8] Er unterschied zwischen »Eustress« (griech. *eu*: gut), der sich in einer notwendigen und positiv erlebten Aktivierung des Organismus äußert, und »Distress« (lat. *dis*: schlecht), der sich in einer schädlich wirkenden Reaktion auf ein Übermaß an Anforderungen manifestiert. Allgemein wird der Stressbegriff heute im letzteren Sinne (Distress) benutzt.

Im Zustand des Eustresses liegen aufgrund der physiologischen Anpassungs- oder Alarmreaktion die besten Voraussetzungen für körperliche und mentale Spitzenleistungen vor. Eustress macht den Menschen produktiv, erfolgreich und glücklich. Wohldosiert hält Stress gesund. Stress ist individuell; das heißt, was für manche Menschen ein gesunder Ansporn ist, ist für andere bereits eine Überforderung.

Milder Stress fördert die Motivation und hebt das Arousal-Level, den Grad der Aktivierung des zentralen Nervensystems, positiv an, er führt dabei zu einer Zunahme der Plastizität der neuronalen Netze (Verknüpfung der Nervenzellen). Gleichzeitig kann diese positive Anspannung den Zustand des sogenannten »Flow« bewirken – das Wort stammt vom »Erfüllungsforscher« Csikszentmihalyi[9] –, in dem sich die betreffende Person den Anforderungen gewachsen fühlt und diese als positive Herausforderung erlebt und bewältigt (beispielsweise durch hohe Konzentrationsfähigkeit und ergebnisorientiertes Arbeiten).

Stressreaktionen werden durch eine Vielzahl von Stressoren (belastende Reize beziehungsweise Situationen) ausgelöst. Während ein Stressor wirkt, werden spezielle und spezifische kompensatorische Anpassungsmechanismen in Gang gesetzt, um das Gleichgewicht (Homöostase) des Organismus zu wahren oder wiederherzustellen.

Aus dem bisher Gesagten wird deutlich, was durch vielfältige Untersuchungen bereits belegt werden kann beziehungsweise schon in die verschiedensten Stresstheorien Eingang gefunden hat und auch mit dem eigenen Erleben und Empfinden korrespondiert: Unsere Reaktion auf Stress ist sowohl anlagen- als auch sozialisationsbedingt (das heißt auch von der eigenen Biografie und vom Persönlichkeitstyp abhängig). Stress ist keine Krankheit, kann aber die kognitiven, emotionalen, vegetativ-hormonellen und muskulären Prozesse und Leistungen erheblich beeinträchtigen und zu psychischen und somatischen Erkrankungen führen. Insofern stellt Stress sowohl im individuellen als auch und insbesondere im wirtschaftlichen Haushalt einen bedeutenden Kostenfaktor dar. Schließlich ist festzustellen, dass man Stress weder vollständig beseitigen kann und sollte noch sich ihm schicksalhaft ergeben muss.

Es geht darum, ihn zu erkennen, seine Grundlagen, Struktur und Prozesse (gesetzmäßige Abfolgen) zu verstehen und aus diesem Verständnis heraus Strategien zu entwickeln, mit denen beeinträchtigende und schädigende Wirkungen eingedämmt und konstruktives und sinnvolles Erleben, Leben und Wirken ermöglicht werden.

Stresstheorie nach Selye (1936)

Neben der von Selye[10] entwickelten Stresstheorie (1936) gibt es einige weitere Stresstheorien diverser Autoren.

Stress ist stimulusgebunden, das heißt, es gibt nicht die Stressreaktion, sondern es handelt sich um einen Prozess, der mit einer organischen Mobilisierung über Stunden und Tage verbunden ist. Stress induzierende Stimuli sind zeitlich ausgedehnt und lösen länger andauernde Reaktionen aus. Dies bedeutet, dass Stress nur dann vorliegt, wenn der Körper über längere Zeit stimuliert wird.

Unabhängig von der Art der einwirkenden Stressoren (unspezifische Reize) kommt es nach Hans Selye zu körperlichen Anpassungsreaktionen, dem »Allgemeinen Adaptationssyndrom (AAS)«. Während ein Stressor wirkt, werden dann spezielle und spezifische kompensatorische Anpassungsmechanismen in Gang gesetzt, um das Gleichgewicht zu wahren oder wiederherzustellen (stressorenspezifische physiologische Adaptation).

Diese Anpassungsmechanismen sind zum Teil angeborene zerebrale Regelkreise, teilweise aber auch erworbene und sich ständig verändernde Reaktionsmuster eines Individuums. Vermutlich bestimmen bereits frühe Erfahrungen auf verschiedene Weise die Stresstoleranz bei Mensch und Tier. Das Adaptationssyndrom vermag die Resistenz über Wochen, ja über Monate hinweg aufrechtzuerhalten. Bei fortdauernder Aktivität der Stressoren tritt jedoch bei den Betroffenen eine körperliche und seelische Erschöpfung ein.

Nach der Theorie Selyes[11] verläuft die Stressreaktion in drei typischen Phasen:

- Alarmreaktionsphase
- Widerstandsphase
- Erschöpfungsphase

In der 1. Phase, der **Alarmreaktionsphase**, kommt es (unabhängig von der Art des Stressors) zu einer vermehrten Ausschüttung von Hormonen des Nebennierenmarks wie Adrenalin und Noradrenalin und der Nebennierenrinde wie Cortisol.

In der 2. Phase, der **Widerstandsphase**, versucht der Organismus, sich an diesen Stressor anzupassen. Dabei lässt die Widerstandsfähigkeit gegenüber anderen Stressoren nach, und es kann zu einer Schwächung des Immunsystems kommen, sodass sich die Abwehrbereitschaft gegenüber Krankheiten verringert. Diese Phase kann sich unter anderem in psychosomatischen Erkrankungen wie Asthma, Bluthochdruck sowie Magenstörungen manifestieren.

In der 3. Phase, der **Erschöpfungsphase**, kann es bei chronisch einwirkendem Stress zu einer erhöhten Infektanfälligkeit, depressiven Verstimmungen und Angstzuständen sowie organischen Erkrankungen wie Magengeschwüren, chronisch erhöhtem Bluthochdruck oder Herzinfarkt kommen.

Seyle hat mit seinem Stresskonzept und seiner Arbeit die grundlegende Basis für die »Stressforschung« der weiteren Jahre gelegt. In den nachfolgenden Jahrzehnten wurde jedoch deutlich, dass mit Selyes Stresskonzept (allgemeiner organischer Charakter der Stressreaktion) die Mensch-Umwelt-Interaktion nicht ausreichend spezifiziert und zum Beispiel psychische Mechanismen der Umwandlung objektiver Ereignisse in subjektives Erleben nicht ausreichend erklärt werden können. Daher gab es ein Umdenken in der Stressforschung; Kognitionen, Emotionen und motivationale Aspekte wurden nun als weitere Einflussgrößen in den Blick genommen.

Kognitiv-transaktionales Stressmodell nach Lazarus (1974)

Richard Lazarus unterstreicht die Tatsache, dass individuelle Faktoren unser Stressempfinden beeinflussen. Ob Stress erlebt wird oder nicht, hängt von kognitiven Bewertungsprozessen ab, zum Beispiel von der Situation und der Person (Erfahrungen, Sozialisation, Gedanken, Empfindungen und Überlegungen) sowie von (funktionalen) Bewältigungskompetenzen.[12, 13]

Psychoendokrines Stressmodell nach Henry (1986)

J. P. Henry unterscheidet drei verschiedene Formen der Stressreaktion mit einem jeweils spezifischen endokrinen Reaktionsmuster, je nach Art der in der jeweiligen Stresssituation vorherrschenden Emotion (Ärger, Furcht, depressive Verstimmung).

Physiologische Grundlagen von Stress

Das Grundprinzip der Stressantwort des Organismus besteht in besonderen Maßnahmen, die unser Gehirn trifft, um den Körper innerhalb kürzester Zeit darauf vorzubereiten, die durch den Stressor (Reiz) ausgelöste zusätzliche Belastung zu bewältigen und/oder einer drohenden Gefahr durch eine Kampf- oder Fluchtreaktion zu begegnen.

Diejenigen Organfunktionen, die für die Ausführung der körperlichen Bewältigungsreaktionen notwendig sind, werden angeregt (Atmung, Herzschlag, Kreislauf, Energiebereitstellung), während die eher regenerativen und reproduktiven Körperfunktionen (Verdauung und Energiespeicherung, Fortpflanzung, Wachstum), die für die kurzfristige Auseinandersetzung mit einer akuten Gefahr weniger wichtig sind, gedrosselt werden.

Diese umfassende körperliche Stressreaktion wird durch ein komplexes Zusammenspiel zwischen dem Nervensystem und dem Hormonsystem ermöglicht, das hier nur sehr grob dargestellt werden soll (und für dessen detailliertere Darstellung wir dem interessierten Leser weiteres Material zur Verfügung stellen). Die Stressreaktion wird über einfache und/oder komplexe Sinneseindrücke ausgelöst und beginnt im limbischen System des Gehirns. Neuronale Aktivierungsprozesse bilden ein System diverser Rückkopplungsmechanismen und führen im Wesentlichen zur Stimulation von zwei Achsen, über die entsprechende periphere physiologische Stressreaktionen vermittelt werden. Nach Gerald Hüther (1997) wird die Art der Stressreaktion entscheidend durch die Kontrollierbarkeit der jeweiligen Belastungen bestimmt.[14]

Bei der Wahrnehmung einer neuartigen, als bedrohlich eingeschätzten Situation erfolgt zunächst eine Aktivierung der Sympathikus-Nebennierenmark-Achse (erste Stressachse, SNNM): Signalübertragung = elektrische Impulse (Nervenbahnen), sehr schnell. Funktion dieser Achse = »RUF ZU DEN WAFFEN« = akute Aktivierung.[15]

Kommt es zu einer raschen Bewältigung der als bedrohlich eingestuften Situation, erlischt diese initiale Aktivierung; die Stressreaktion findet ein Ende, der Körper beruhigt sich. Hält die Belastung weiter an, ist also die Situation nicht so leicht kontrollierbar, wird auch die zweite Stressachse, die Hypothalamus-Hypophysen-Nebennierenrinde-Achse (HHNA), aktiviert: Signalübertragung = hier über Hormonabgaben in das Blut, deutlich langsamer als der nervale Weg. Funktion dieser Achse = Organisation von Nachschub in Form der Energiebereitstellung.[16]

Physiologisch bedeutsam ist für die erste SNNM-Achse das vermehrte Freisetzen von Adrenalin, was unter anderem die Grundlage für eine erhöhte Leistungsbereitschaft bildet. Über die zweite Achse der Stressreaktion, die HHNA- oder auch Cortisol-Achse, werden Hormone ausgeschüttet, die den Cortisolspiegel erhöhen.

Cortisol wirkt bekanntlich entzündungshemmend und unterdrückt allergische Reaktionen; in hohen Dosen verursacht es jedoch eine drastische Unterdrückung des lympathischen Systems, was zu einer gefährlichen Schwächung der Immunabwehr des Körpers führt. Insofern macht Stress krankheitsanfällig.

Im Gehirn führt ein mittlerer Cortisolspiegel zu einer verstärkten Produktion neurotropher (den Zustand von Nervenzellen befördernder) Faktoren, zum Beispiel Erhöhung der Zahl von Gliazellen, gesteigerte neuronale Plastizität, Verlängerung von Dendriten und Erhöhung der Zahl ihrer Synapsen. Dies ist der Grund, warum bei den meisten Menschen ein gewisses Maß an Stress durchaus leistungsfördernd ist und sich positiv auf Lern- und Gedächtnisleistung auswirkt.[17] Zu den Folgen erhöhter oder längerfristig überhöhter Cortisolspiegel siehe nachfolgende Seiten.

Chronischer Stress

Die wiederholte noradrenerge Aktivierung (Sympathikus-Achse) während kurzfristiger kontrollierbarer Belastungen führt im Ergebnis dazu, dass all diejenigen Verschaltungen, die in unserem Gehirn zur Bewältigung einer Herausforderung benutzt werden, besser ausgebaut, gebahnt und effektiver gemacht werden.[18]

Das im Rahmen der Stressreaktion (zweite Stressachse) freigesetzte und im Blut zirkulierende Cortisol gelangt problemlos ins Gehirn. Dort bewirkt es in Abhängigkeit von Dosis und Dauer der Einwirkung nachhaltige Veränderungen der Nervenzellen. Die mit langanhaltendem unkontrollierbarem Stress einhergehende Cortisolausschüttung führt zur Unterdrückung der Synthese und Ausschüttung von neurotrophen Faktoren. Unter chronischem Stress reduziert sich ferner die Zahl der Rezeptoren für eine Reihe von Neurotransmittern (Serotonin, Dopamin, Noradrenalin), wodurch die Kommunikation zwischen den Nervenzellen gestört wird. [19]

Bedrohlich wird es also, wenn Dauerstress herrscht und sich die Belastungen subjektiv als nicht bewältigbar darstellen. In diesem Fall kommt es zu einer dauerhaften Schädigung des Nervensystems. Und als offenbare Folge davon zum Beispiel zu einer Verschlechterung von Lern- und Gedächtnisleistungen (unter anderem stressbedingte Vergesslichkeit, was die Leistungsfähigkeit noch weiter senkt).[20]

Es kommt auch zu einer Hemmung der noradrenergen Signalübertragung (Sympathikus-Achse), bei Männern zur Absenkung des Testosteronspiegels, zur Reduktion neurotropher Faktoren und damit zur Verhinderung von neuronalem Wachstum.

Eine Folge all dessen ist, dass negative Lerninhalte verstärkt und zunehmend resistent gegen Löschungen werden und dass zurückgedrängte konditionierte Ängste wieder ausbrechen können.[21]

Die personenspezifischen Stressreaktionen werden früh geprägt. Eine postnatale Trennung von der Mutter erhöht zum Beispiel die Genexpression des hypothalamischen Corticotropin-Releasing-Hormons (CRH) und begünstigt entsprechende Reaktionen im hypothalamisch-hypophysären-Nebennieren-System sowie die daraus folgenden Stress-Verhaltensweisen signifikant.[22]

Stress und die ökonomischen Folgen

Es überrascht nicht, dass Stress beispielsweise für Wirtschaftsunternehmen, Gesundheitsversorgungssysteme und die gesamte Gesellschaft einen immensen Kostenfaktor darstellt – und dies nicht nur in Deutschland, sondern weltweit.

Die UNITED NATIONS bezeichneten 1992 Jobstress als die

»Krankheit des 20. Jahrhunderts«.

Die WORLD HEALTH ORGANIZATION (WHO) sagte 1996:

»Jobstress ist eine weltweite Epidemie.« [23]

Arbeitsbedingter Stress wird verstanden als »emotionale und psychophysiologische Reaktion auf ungünstige und schädliche Aspekte der Arbeit, des Arbeitsumfelds und der Arbeitsorganisation. Stress ist ein Zustand, der durch hohe Aktivierungs- und Belastungsniveaus gekennzeichnet ist und oft mit dem Gefühl verbunden ist, man könne die Situation nicht bewältigen.« (Europäische Kommission, Generaldirektion V, 1997)[24]

USA

- Vierzig Prozent der arbeitenden Amerikaner berichten, dass ihr Job sehr oder extrem stressig ist.[25]
- Achtzig Prozent empfinden Stress bei der Arbeit; etwa die Hälfte meint, sie brauche Hilfe, um Stressbewältigung zu lernen; und zweiundvierzig Prozent meinen, dass ihre Mitarbeiter entsprechende Hilfen benötigen.[26]
- Sechzig Prozent der erwachsenen Amerikaner berichten über ausgeprägte Stressbelastungen wenigstens einmal die Woche. [27]

Schweiz

- Vierundvierzig Prozent berichten über starke nervliche Anspannung am Arbeitsplatz.[28]

Deutschland

Jeder zweite Deutsche hat Dauerstress, so eine FORSA-Umfrage 1997.[29]

- 50 %: Zeit- und Termindruck
- 39 %: Zu viel Arbeit
- 29 %: Doppelbelastung durch Beruf und Haushalt
- 25 %: Angst vor Arbeitsplatzverlust
- 21 %: Schwierige Arbeitsaufgaben
- 20 %: Probleme mit den Vorgesetzten
- 17 %: Einführung neuer Arbeitsmethoden und Techniken
- 16 %: Probleme mit den Kollegen
- 15 %: Schichtarbeit

Neuere Untersuchungen[30, 31] ergeben folgendes Bild:

- Jeder Zweite hat Angst im Job (61 %), Angst vor Jobverlust (37 %), Angst vorm Chef (10 %).
- Vierundzwanzig Prozent der Beschäftigten in Deutschland sind vom Zeitdruck und den Anforderungen im Job so gestresst, dass sie nicht glauben, unter diesen Arbeitsbedingungen bis zum Rentenalter gesund weiterarbeiten zu können.
- Stress am Arbeitsplatz quält mehr als ein Viertel der deutschen Angestellten. Besonders ältere Mitarbeiter und Manager leiden unter der Anspannung im Job.
- Beim beruflichen Stressempfinden spielt das Verhältnis zum Vorgesetzten eine zentrale Rolle.
- Vierunddreißig Prozent wünschen sich »mehr Einsatz der Vorgesetzten für die Mitarbeiter«. Mehr als jeder Fünfte hält klärende Gespräche mit den Vorgesetzten für sinnvoll und wünscht sich ein anderes Vorgesetztenverhalten.
- Achtundvierzig Prozent der Bundesbürger mit Abitur / Hochschulabschluss fühlen sich regelmäßig gestresst, gegenüber achtunddreißig Prozent der Befragten mit Volksschulabschluss ohne Lehre.
- Neunundfünfzig Prozent haben Angst um ihren Job oder ihre Position im Unternehmen.

Untersuchungen von Erkrankten zeigen eine messbare Zunahme der mit Stress in Zusammenhang gebrachten Arbeitsunfähigkeit.[32]

USA

Die Zahl der Fehltage aufgrund von Jobstress ist sprunghaft angestiegen.[33, 34]

- 300 Milliarden US-Dollar jährlicher volkswirtschaftlicher Schaden durch stressbedingte Abwesenheit von der Arbeit und dadurch bedingte Produktionsausfälle, Ausgaben im Gesundheitssystem.
- Nach einer Umfrage unter 800 000 Arbeitskräften in über 300 Unternehmen hat sich die Zahl von stressbedingten Krankmeldungen von 1996 bis 2000 verdreifacht.
- Über die Hälfte der gesamten jährlichen »verlorenen« 550 Mio. Arbeitstage in den USA sind stressbedingt.
- Plötzliche Fehltage kosten US-Unternehmen 602 US-Dollar pro Arbeitskraft pro Jahr (Schätzungen).
- Der wirtschaftliche Schaden für große Unternehmen kann bis zu 3,5 Mio. US-Dollar pro Jahr betragen.
- »Xerox« schätzte vor zwanzig Jahren (!), dass es die Firma bis 1,5 Mio. US-Dollar kostet, einen Top-Executive zu ersetzen.
- Der Ersatz einer normalen, durchschnittlichen Arbeitskraft kostet heute zwischen 3000 und 13 000 US-Dollar.
- Sechzig Prozent der Führungskräfte von 201 US-Unternehmen glauben, dass stressbedingte Krankheiten bei ihren Mitarbeitern weit verbreitet sind, und schätzen die durch verminderte Produktivität verursachten Kosten auf sechzehn Fehltage pro MA pro Jahr und ca. 8000 US-Dollar pro Person und Jahr. [35]

Europa, 2005[36, 37]

Stress ist das zweithäufigste arbeitsbedingte Gesundheitsproblem.

- Fast jeder vierte Beschäftigte in der EU leidet einer Untersuchung zufolge unter arbeitsbedingtem Stress.
- Mehr als zwanzig Prozent der Arbeitnehmer aus den damals fünfundzwanzig Mitgliedstaaten der Europäischen Union geben an, dass sie ihre Gesundheit durch arbeitsbedingten Stress gefährdet sehen (2005).
- Studien deuten darauf hin, dass zwischen fünfzig und sechzig Prozent aller Fehlzeiten damit in Verbindung stehen. Die jährlichen volkswirtschaftlichen Kosten im Zusammenhang mit arbeitsbedingtem Stress

in der EU wurden auf 15 bis 20 Mrd. EUR geschätzt (2002, damals fünfzehn EU-Länder). Die Kosten psychischer Erkrankungen betragen etwa drei bis vier Prozent des BIP – hauptsächlich als Folge von Produktivitätsverlust (Europäische Kommission 2005).

Schweiz

Stressbedingte Folgekosten im Jahr 2002 in der Schweiz: circa 4,2 Mrd. CHF.[38]

Deutschland

Nach Angaben des Fraunhofer-Instituts für Arbeitswirtschaft und Organisation belaufen sich die Verluste durch Stress am Arbeitsplatz in Deutschland auf jährlich mehr als 3 Milliarden Euro. Nach Hochrechnungen des Kölner Ökonomie-Professors Winfried Panse verursachen berufsbedingte Ängste jährlich Gesamtkosten von 75 Milliarden Euro.[39] Distress soll außerdem für sieben Prozent aller Frühpensionierungen verantwortlich sein. [40]

Symptome von arbeitsbedingtem Stress[41]

Stress kann die Empfindungen, die Denkweise und das Verhalten von Menschen ändern. Zu den Symptomen gehören:

Auf Unternehmensebene:

Fehlzeiten, hohe Fluktuation, Überschreitung von Fristen, Disziplinarprobleme, Belästigung, verringerte Produktivität, Unfälle, Fehler und erhöhte Kosten für Ausgleichszahlungen oder die Gesundheitsversorgung.

Beim einzelnen Mitarbeiter:

- *Emotionale Reaktionen:* Reizbarkeit, Angstzustände, Schlafprobleme, Depressionen, Hypochondrie, Entfremdung, Burn-out, familiäre Probleme.
- *Kognitive Reaktionen:* Schwierigkeiten mit der Konzentration, dem Erinnerungsvermögen, der Lernfähigkeit und der Entscheidungsfindung.
- *Verhaltensreaktionen:* Missbrauch von Drogen, Alkohol und Tabak; destruktives Verhalten.
- *Körperliche Reaktionen:* Rückenprobleme, geschwächte Immunabwehr, Magengeschwüre, Herzstörungen, Bluthochdruck.

Stress und Erkrankungen

In ausgedehnten arbeitsmedizinischen Untersuchungen wurde eine Beteiligung von beruflichem Stress an der Entstehung oder Weiterentwicklung

- von Herz-Kreislauf-Erkrankungen bis hin zum Herzinfarkt,
- von chronisch erhöhtem Blutdruck sowie
- von Störungen des Immunsystems festgestellt.

Als klassische Stressfolge wird insbesondere der Herzinfarkt angesehen. Lange Zeit galt der Zusammenhang von emotionalen Problemen und Herzkrankheiten als eher spekulativ oder wurde von Ärzten schlicht ignoriert. In jüngster Zeit häufen sich jedoch die Beweise dafür, dass »übermäßiger Arbeitsstress« – sowie Depression und soziale Vereinsamung – einen Herzinfarkt ebenso begünstigen wie zum Beispiel hoher Blutdruck, ein gesteigerter Cholesterinspiegel oder Rauchen.

Der Zusammenhang von überlangen Arbeitszeiten und Stress mit Herz-Kreislauf-Erkrankungen gilt in der Gesundheitswissenschaft inzwischen als gesicherte Erkenntnis.[42, 43]

- Psychosoziale (Stress-)Faktoren liegen auf Platz drei der Infarktrisiken.
- Wahrscheinlich sind mehrere Zehntausend Infarkte auf diese psychische Ursache zurückzuführen (circa jeder dritte Infarktpatient).
- In Deutschland sterben jährlich fast 100000 Menschen am Herzinfarkt. Zwanzig Prozent davon gelten als arbeitsbedingt verursacht. Mit anderen Worten: Durch Belastungen im Arbeitsleben sterben jährlich fast 20000 Menschen am Infarkt.
- »Wer pro Woche mindestens fünf Überstunden arbeitet, verdoppelt fast sein Infarktrisiko.« (FR v. 15.11.1997)
- Bei häufigen Überstunden über einen längeren Zeitraum erhöht sich das Herzinfarktrisiko sogar um den Faktor 7,3.

Insbesondere scheint eine der bisher größten Untersuchungen zu den Ursachen des Herzinfarktes, die INTERHEART-Studie, diese Hypothese, die in vielen Studien und Metaanalysen kontrovers diskutiert wurde, zu bestätigen.[44]

Diese Untersuchung wurde von einem internationalen Forscherteam in 52 Ländern mit 11119 Patienten mit frischem Herzinfarkt und mit 13648 Kontrollpersonen durchgeführt, die nach ihren Lebensgewohnheiten (häuslichem und beruflichem Stress, finanzieller Bedrängnis, einschneidenden emotionalen Ereignissen im letzten Jahr) befragt und deren Blutzucker – und Blutfettwerte – gemessen wurden.

Als Ergebnis dieser internationalen Studie wurde festgestellt, dass nach dem Rauchen, ungesunden Blutfettwerten, Hypertonie, Diabetes mellitus sowie Adipositas emotionale Belastungen zu den wichtigsten Ursachen des Herzinfarktes zählen.

Die Personen mit einem Myokardinfarkt gaben für alle vier untersuchten Stressfaktoren eine signifikant höhere Inzidenz an. Von den Patienten, die noch arbeiteten, gaben 23,0 Prozent (n=1249) an, dass sie über mehrere Wochen bei der Arbeit erheblichem Stress ausgesetzt waren, verglichen mit 17,9 Prozent (n=1324) der Kontrollpersonen. 10,0 Prozent gaben andauernden Stress bei der Arbeit im letzten Jahr an, verglichen mit 5,0 Prozent (n=372) der Kontrollpersonen.

Dies würde bedeuten, dass die Wahrscheinlichkeit für einen Herzinfarkt bei mehrere Wochen anhaltendem beruflichem Stress auf das 1,38-Fache und bei permanent andauerndem Stress bei der Arbeit auf das 2,14-Fache erhöht ist (wobei Risikofaktoren wie Rauchen, Alter, Geschlecht herausgerechnet wurden). Die Wahrscheinlichkeit für einen Herzinfarkt bei mehreren Wochen erheblichem häuslichem Stress war auf das 1,52-Fache und bei andauerndem Stress zu Hause auf das 2,12-Fache erhöht. Diese Risiken waren bei beiden Geschlechtern und allen ethnischen Gruppen ähnlich und beschränkten sich nicht auf Industrieländer. Allerdings werden diese Risiken möglicherweise dadurch potenziert, dass unter Stress auch andere Risikofaktoren zunehmen, die in dieser Untersuchung rechnerisch eliminiert wurden (wie Rauchen, Bluthochdruck, Fettsucht, Diabetes).

Arbeitsmedizinern zufolge stellen insbesondere Faktoren wie hoher Druck und niedrige Entscheidungskompetenz, geringe Entlohnung und Wertschätzung der Arbeit sowie eng gesetzte Deadlines und harsche Abmahnungen eine Hochrisiko-Umgebung dar. [45]

Stress und psychische Erkrankungen (Depression)

»Bis zum Jahr 2020 werden Depression und koronare Herzkrankheit weltweit die führenden Ursachen vorzeitigen Todes und durch Behinderung eingeschränkter Lebensjahre sein.« (Murray/Lopez 1996)[46] Wie aus den vorher genannten »Job Stress – Facts and Figures«-Daten klar hervorgeht, verschiebt sich das Krankheitsspektrum zunehmend auf psychische und neurogenerative Erkrankungen. Von 2000 bis 2004 wurde jeweils ein relativer Anstieg der psychischen Erkrankungen von rund zwanzig Prozent ermittelt.[47, 48]

Als Ursachen für den rasanten Anstieg psychischer Erkrankungen werden angenommen: neben dem Wegfall bisher funktionierender sozialer Strukturen beispielsweise steigende Arbeitslosigkeit, unsichere Arbeitsverhältnisse und insbesondere Arbeitsplatzbelastungen, etwa zeitliche und fachliche Über- und Unterforderung oder fehlender Handlungsspielraum. Immer mehr wissenschaftliche Studien belegen zudem, dass auch psychosoziale Faktoren, wie mangelnde Anerkennung und Wertschätzung, soziale Konflikte mit den Kollegen, defizitäres Führungsverhalten und Unternehmenskultur, sowohl für die physische als auch für die psychische Gesundheit mit ausschlaggebend sind. Empirisch zeigten sich Zusammenhänge zwischen Gratifikationskrisen und erhöhten Risiken für psychische Störungen.[49, 50]

Stress

Sozialer Stress hat bei Menschen und Tieren gravierende negative Folgen.

Überbevölkerung soll bei manchen Tierarten zu einem periodischen Absterben großer Teile der Population führen. Bei männlichen Beutelmäusen wurde festgestellt, dass die Cortisolkonzentration mit allen ihren gravierenden Nebenwirkungen in solchen Situationen massiv ansteigt und letztlich zum Tode durch Infekte, Magenblutungen etc. führt. Bei manchen Tierarten tritt diese Stressreaktion im Experiment nur bei den subdominanten oder unterlegenen Tieren auf. Negative Folgen von Stress könnten so im Tierreich die darwinsche Auslese beschleunigen. Experimentell ist dies bei den Tupajas belegt. Ständige Anwesenheit des Siegers nach kleinen Kämpfen lässt dort die Verlierer von allein sterben. Im Experiment haben die Verlierer stark vergrößerte Nebennieren bei gleichzeitig abnehmendem Hoden- und Körpergewicht. Unterlegene Tiere sterben an andauernder Angst vor dem Sieger. Dies ist ein eindrucksvolles Modell, das die Auswirkungen von Mobbing-Situationen im Humanbereich illustriert.

Die Bedrohung im Sozialgefüge stellt einen erheblichen Stressfaktor dar. Störungen im Sozialgefüge haben also Auswirkungen auf die menschliche Gesundheit, ebenso begünstigt Gewalt in Intimbeziehungen gravierende Gesundheitsstörungen mit vielfältiger Symptomatik.

Stress und Sexualität

Der Mensch reagiert bei der Stress-Antwort mit geschlechtsspezifischen Verhaltensweisen.

> **Männer reagieren überwiegend stärker auf Leistungsstressoren, Frauen auf zwischenmenschliche Stressoren.**

Stress reduziert die Geschlechtshormonausschüttung, die Fruchtbarkeit geht bei beiden Geschlechtern bei Mensch und Tier zurück. Werden Frauen chronischem Stress ausgesetzt, resultiert dies in einer verspäteten Pubertät, anovulatorischen Zyklen (Ausbleiben des Eisprungs) und spontanen Aborten (Fehlgeburten). Deren Kinder zeigen eine erhöhte Mortalität. Bei Männern führt chronischer Stress zu einer verminderten Testosteronproduktion, einer anormalen Spermatogenese sowie einer verminderten Libido.

Anmerkungen

1 Henkel, R.-C.: Karriere, Hektik in Alltag und Beruf. Wie man Anforderungen zu Herausforderungen macht: Stress laß nach. Tagesspiegel, Nr. 18, 679, 05.12.2004.

2 Dempcy, M. H., Tihista, R.: Dear job stressed: answers for the overworked, overwrought, and overwhelmed. Paolo Alto, California: Davies-Black Publisher, 1996.

3 Völker, U.: Stressbewältigung und Stressprävention in den sozialen und pädagogischen Berufen. Interne Veröffentlichung. Berlin: Evangelische Fachhochschule, 1998; sowie Vortrag: »Stressbewältigung und Stressprävention im Berufsalltag«. Evangelische Fachhochschule Berlin am 22.10.2004.

4 Ernst, H.: Gibt es einen Maßstab für das Glück?. In: Psychologie Heute Compact, Heft 17. Weinheim, 2007.

5 Wolf, A.: Glücksgüter: Zeit und Ruhe. In: Psychologie Heute Compact, Heft 17. Weinheim, 2007.

6 Selye, H.: A syndrome produced by diverse nocuous agents. London: Nature, 1936.

– Selye, H.: Stress. Montreal, Quebec, Canada: Acta Inc., 1950.

– Selye, H.: The physiology and pathology of exposure to stress. Montreal, Quebec, Canada: Acta Inc., Medical Publ., 1950.

7 Cannon, W. B.: Neural organisation of emotional expression. In: C. Michison (Ed.): Feeling and Emotions. Worcester, 1928.

– Cannon, W. B.: Bodily Changes in Pain, Hunger, Fear and Rage. New York, 1929.

8 Vgl. Anm. 6.

9 Csikszentmihaly, M.: Flow: The psychology of optimal experience. New York: HarperCollins, 1990.

10 Vgl. Anm. 6.

11 Vgl. Anm. 6.

12 Lazarus, R. S.: Psychological Stress and the Coping Process. New York: McGraw Hill, 1966.

13 Bewernick, B.: Stress. Tutorium: Medizinische Psychologie. Universität Bonn, 2004. http://www.meb.uni-bonn.de/psychiatrie/medpsy/manuskripte/KursMedPsy5-31.10. Stress.ppt – 2008.05.02 – 18:30.

14 Vgl. Kaluza, G.: Stressbewältigung. Trainingsmanual zur psychologischen Gesundheitsförderung. Berlin: Springer-Verlag, 2004.

15 Vgl. Anm. 14.
16 Vgl. Anm. 14.
17 Roth, G.: Fühlen, Denken, Handeln. Frankfurt am Main: Suhrkamp, 2003, S. 313.
18 Vgl. Anm. 14.
19 Vgl. Anm. 14.
20 Vgl. Anm. 17, S. 314.
21 Vgl. Anm. 17, S. 315.
22 Francis, D. D., Dorio, J., Plotsky, P. M., Meany, M. J.: Environmental enrichment reverses the effect of maternal separation on stress reactivity. In: Neuroscience 22, 7840–7843, 2002.
23 http://www.stress.org/ job.htm – 2008.04.16 – 15:53. American Institute of Stress (AIS). Yonkers New York: »JOB STRESS«.
24 BAuA : Gesundheitsschutz 20. »Stress im Betrieb?« Handlungshilfe für die Praxis. Dortmund, Berlin, Dresden, 2001.
25 http://www.cdc.gov/niosh/stresswk.html – 2008.04.16 – 15:5. NIOSH (National Institute for Occupational Safety and Health): »STRESS at work«.
26 Vgl. Anm. 23.
27 http://www.sfn.org/index.cfm?pagename=brainFacts&section=publications – 2008.03.16 – 14:46. Society for Neuroscience: »Brain Facts 2006«. Washington DC, USA.
28 http://www.hsi-heidelberg.com/foren/507/vortrag/VM02.pdf – 2008.04.16 – 10:17. Schedlowski, M.: Stressbelastung & Stressverarbeitung. Institute of Behavioral Science. ETH Zürich, Schweiz, 2002.
29 www.vmbg.de/cd1/dateien/kap2/pdf/refber01.pdf – 2008.04.08 – 10:42. Harlfinger, G.: »Stress – Motor und Risikofaktor der modernen Arbeitswelt«. In: Metall-Berufsgenossenschaft: Stress am Arbeitsplatz. Referentenbericht, 2001.
30 http://www.stellenboersen.de/aktuelles/ handelsblatt/junge-karriere/030527 junge-karriere-angst-job.html – 2008.04.08 – 19:50. Junge Karriere: Umfrage – Jeder Zweite hat Angst im Job. Verlagsgruppe Handelsblatt, Junge Karriere, 27.05.2003.
31 http://www.medizinauskunft.de/artikel/diagnose/psyche/ 11_11_arbeitsstress.php – 2008.04.09 13:25.Kelly World at Work Survey: Stress am Arbeitsplatz, 2005.
32 Ulrich, E.: Gesundheitliche Belastungen in der Arbeitswelt. In: Psychische Gesundheit am Arbeitsplatz in Deutschland. Berlin: BDP, 2008.

33 Vgl. Anm. 27.
34 Vgl. Anm. 23.
35 http://www.humannatureatwork.com/serious.htm-2008.04.16 – 16:08. The Gallup Organization, USA: Gallup Poll.
36 http://osha.europa.eu/publications/factsheets/74/fs74_de.pdf/at_download/file OSHA. Europäische Agentur für Sicherheit und Gesundheitsschutz am Arbeitsplatz, 2007.
37 http://www.inqa.de/Inqa/Navigation/root,did=234566.html – 2008.04.08 – 10:30. INQA (Initiative Neue Qualität in der Arbeit: »Wandel in der Arbeitswelt steigert Stressrisiken«, 2008.
38 Vgl. Anm. 28: Schedlowski, M. (2002).
39 Manager Seminare: Heft 63. Februar 2003, S. 32.
40 Vgl. Anm. 1.
41 http://osha.europa. eu/topics/stress/definitions_and_causes – 2008.04.19 – 10:21. OSHA: »Symptome von arbeitsbedingtem Stress«. Europäische Agentur für Sicherheit und Gesundheitsschutz am Arbeitsplatz, 2007.
42 www.bg-metall.de/fileadmin/downloads/Gesundheitsschutz/bgi609.pdf. Wenchel, K.: »Stress am Arbeitsplatz«, bes. Kapitel 2.
43 Lindner, M.: »Ein Herz und eine Seele«. Psychischer Stress erzeugt wahrscheinlich ebenso viele Infarkte wie Rauchen und hoher Blutdruck. In: Süddeutsche Zeitung, Nr. 2, S. 9, 01.04.2005.
44 http://www.ncbi.nlm.nih.gov/pubmed/15364186 – 2008.04.19 – 16:03. Rosengren, A. et. al.: Association of psychosocial risk factors with risk of acute myocardial infarction in 11119 cases and 13648 controls from 52 countries (the INTERHEART study): case-control study. Lancet, 2004, Vol. 364, S. 953–962.
45 Siegrist, J.: Psychische Gesundheit und Arbeitswelt: Macht uns die Arbeit krank? DGGPN-Kongress Berlin, 2007.
46 Murray, C. J. L., Lopez, A. D.: The Global Burden of Disease Study. In: Science 1, Vol. 274, Nr. 5288, 01.11.1996, S. 740–743.
47 www.rki.de/cin_049/nn_199850/DE/Content/GBE/Gesundheitsberichterstattung/GesInDtld/GesInDtld_node.html?_nnn=true – 2008.04.08 – 18:03.
- DAK Gesundheitsreports (2005–2008), Hamburg, Gesundheitsberichterstattung des Bundes (2006), »Gesundheit in Deutschland«, Herausgeber: Robert-Koch-Institut.
- DAK Gesundheitsreport (2005), Hamburg. www.presse.dak.de/ps.nsf/sbl/38A5A5A6BBF15309C1256FE0005578E2.

- DAK Gesundheitsreport (2007), Hamburg. www.dak.de/content/files-openGesundheitsreport_2007. pdf.
- DAK Gesundheitsreport (2006), Hamburg. www.sozialpolitik-aktuell.de/docs/DAK-Gesundheitsreport_2006.pdf.
- DAK Gesundheitsreport (2008), Hamburg. www.dak.de/content/dak-prfirmenservice/dakgesundheitsreports.html.

48 http://www.bertelsmann-stiftung.de/cps/rde/xbcr/SID-OA000F14-6F07B9C3/bst/xcms_bst_dms_23734_2.pdf%20-%202008.04.20%20-19:30. Rixgens, P.: Psychische Erkrankungen im Vormarsch. Neue Herausforderungen für das betriebliche Gesundheitsmanagement. Bertelsmann Stiftung, 2007.

49 Vgl. Anm. 48: Rixgens (2007).

50 Vgl. Anm. 45.

Glossar

360-Grad-Beurteilung
Rückmeldung für einen Mitarbeiter/eine Leitungsperson von möglichst vielen Personen, also aus allen Blickrichtungen. Dabei handelt es sich um eine Einschätzung fachlicher und persönlicher Kompetenzen durch den Vorgesetzten, die Kollegen, evtl. Kunden, strategische Partner, Investoren und den Mitarbeiter selbst. So erhält der Mitarbeiter eine multidimensionale Sicht auf die eigene Leistung, sein Verhalten und sein Potenzial.

Acetylcholin
Überträgersubstanz (s. Botenstoff), die Nervenimpulse an den Nervenschaltstellen (s. Synapsen) weiterleitet. Viele kognitive Prozesse sind an Acetylcholin als Botenstoff gebunden. Acetylcholin fördert die Gedächtnisleistung. Es scheint erwiesen, dass es bei Lernvorgängen eine maßgebliche Rolle einnimmt.

Adaptation, physiobiologische (oder Anpassung)
Steht für die Fähigkeit von Lebewesen, Zellen oder Gewebe, sich an veränderte Bedingungen oder eine veränderte Umwelt anzupassen, anders zu reagieren.

Adaptationssyndrom
Unter dem von H. Selye entwickelten allgemeinen Adaptationssyndrom versteht man eine in drei Phasen einteilbare Reaktion des Körpers auf Stress.

Adipositas/Adopositas
Fettleibigkeit, krankhaftes Übergewicht

Adrenalin
Ein im Nebennierenmark gebildetes und in Stresssituationen ins Blut ausgeschüttetes Hormon. Als Stresshormon vermittelt Adrenalin eine Steigerung der Herzfrequenz, einen Anstieg des Blutdrucks, eine Erweiterung der Bronchiolen, eine schnelle Bereitstellung von Energiereserven

durch Fettabbau (Lipolyse) sowie die Freisetzung und Biosynthese von Glucose.

Adrenalinspiegel
Menge des Adrenalins im Blut. Adrenalin ist ein im Nebennierenmark gebildetes und in Stresssituationen ins Blut ausgeschüttetes Hormon.

Amygdala S. Mandelkern

Arousal
Erregungszustand, in der Schlafmedizin: Weckreaktion

Biokurve
Individueller, von Geburt an in bestimmten Intervallen verlaufender Rhythmus positiver und negativer Konstellationen, Umstände in Bezug auf Körper, Psyche und Geist

Botenstoffe
Verschiedene chemische Stoffe, die in einem Organismus oder zwischen Spezies der Übertragung von Signalen beziehungsweise Informationen (chemische Kommunikation) dienen. Botenstoffe sind essenziell für das Zusammenspiel der Zellen in einem Organismus (Kommunikation zwischen den Zellen).

Brainfood
Nahrung fürs Gehirn; dahinter steht die Idee, dass durch gezielte Ernährung und Zufuhr bestimmter Nahrungsmittel/Nährstoffe die Hirnleistung verbessert wird.

Chaka Chaka
Animationsruf in einigen Motivationsseminaren, dort eingesetzt als Management-Motivationstechnik

Coach
Strategischer Berater im Management; im Sport: strategischer Berater einer Mannschaft oder eines Einzelsportlers

Coachee
Person, die Beratung wünscht und erhält

Coaching
Coaching (engl. *to coach*: »auf eine Anforderung vorbereiten«) ist eine individuelle und spezifische Beratung, die in professioneller Form strategische Unterstützung für die Öffnung für neue Aufgaben (vor allem Angstbeseitigung) und/oder neue Zugänge im beruflichen und persönlichen Kontext bietet. Coaching ist dabei ein Sammelbegriff für unterschiedliche Formen personenzentrierter Beratung und Begleitung.

Corticotropin-Releasing Hormone
Das Corticotropin-Releasing Hormone (CRH) bzw. der Corticotropin Releasing Factor (CRF) ist aus verschiedenen Aminosäuren aufgebaut. Unter anderem ist die Sekretion stressinduziert.

Cortisol
Cortisol gehört zu den körpereigenen Hormonen, die in der Nebennierenrinde hergestellt werden. Es ist ein wichtiges Stresshormon.

Dendriten
Fortsätze der Nervenzelle zur Aufnahme synaptisch übertragener Informationen. Mit den Dendriten nimmt das Neuron ankommende Impulse anderer Neuronen auf.

Deprivation
Zustand der Abschirmung oder des Entzugs von Reizen und Reizsituationen (z.B. durch soziale Isolation) sowie der Verweigerung elementarer Bedürfnisbefriedigung (z.B. Schlafentzug)

Diabetes mellitus
Zuckerkrankheit

Dopamin
Dopamin wirkt im Zentralnervensystem als Neurotransmitter (s. dort). Dopamin spielt eine wichtige Rolle bei Lernvorgängen. Im Volksmund gilt es als Glückshormon, das z.B. bei intensivem FLOW-Erlebnis ausgeschüttet wird.

Echokardiografie
Untersuchung des Herzens mittels Ultraschall

Endokrines Reaktionsmuster
Beim endokrinen Sekretionsmechanismus erfolgt die Abgabe eines Stoffes (z. B. eines Hormons) ins Blut.

Ergometer
Sportgerät, mit dem sehr einfach die bei körperlicher Arbeit erbrachte Leistung gemessen werden kann.

Freud, Sigmund
Ursprünglich: Sigismund Schlomo Freud, österreichischer Nervenarzt, *Freiberg (heute Pžíbor, nordmährisches Gebiet) 06.05.1856, †London 23.09.1939. Ab 1902 wirkt Freud als Professor in Wien; dort übt er auch psychotherapeutische Tätigkeiten aus. 1938 emigriert Freud nach London. Er ist Begründer des psychoanalytischen Therapieverfahrens. Sigmund Freuds Lieblingsmöbel: Freuds Patienten lagen während der Psychotherapiesitzungen oft auf seiner berühmten Couch.

Führung S. unter Leadership versus Management

Gliazellen
Gliazellen haben wichtige Funktionen bei allen Transportvorgängen im Nervensystem sowie bei der Ernährung der Nervenzellen. In neueren Abhandlungen wird ihnen sogar kognitive Bedeutung zugeschrieben.

Glukose
Einfachzucker, gehört zu den Kohlehydraten

Harvard Business Manager
Deutschsprachiges Magazin zu Managerthemen

Hedonistische Lebensweise
Lebensweise, die dem Genuss- und Lustprinzip folgt

Herrhausen, Alfred
Bankfachmann, wirtschaftspolitischer Berater unter Helmut Kohl, *Essen 30.01.1930, † (durch ein Bombenattentat) Bad Homburg v. d. Höhe

30.11.1989. Ab 1971 ist er Vorstandsmitglied der Deutschen Bank AG. 1988 wird Herrhausen zum alleinigen Sprecher des Vorstandes der Deutschen Bank.

Hippocampus

Hirnregion, die zu den evolutionär ältesten Strukturen des Gehirns zählt. Der Hippocampus ist bei der emotionalen Bewertung von Informationen aus der Umgebung des Organismus beteiligt. Ihm kommt eine wichtige Rolle bei der Auswahl von Informationen zur Speicherung im Langzeitgedächtnis und bei der Koordination von verschiedenen Gedächtnisinhalten zu. Bei Angst und Stress kann es zu einer Rückbildung des Hippocampus kommen.

Homöostase

Fähigkeit von lebenden Organismen zur Konstanthaltung bestimmter physiologischer Parameter (z. B. Blutdruck, Körpertemperatur, Wasser- oder Elektrolythaushalt) gegenüber Störeinflüssen

Hypertonie

Hier: erhöhter Blutdruck

Hypothalamus

Das wohl wichtigste Steuerzentrum des vegetativen Nervensystems, das selbst aus verschiedensten homöostatischen Regelkreisen besteht. Selbst geringste Störungen dieses relativ kleinen, äußerst bedeutsamen Zwischenhirnareals wirken sich auf die Lebensfähigkeit des Individuums aus.

Hypothalamus-Hypophysen-Nebennierenmark-Achse

Der Hypothalamus (Teil im Zwischenhirn) ist Ausgangspunkt einer Kaskade von Hormonen, die die Stressreaktion verstärken und erweitern. Die vom Hypothalamus ausgeschütteten Hormone werden als Releasing Hormones bezeichnet, da sie die Freisetzung entsprechender Hormone bewirken.

Internal-Coach

Vorgesetzter als Coach, der sich darauf beschränkt, die Stärken zu stärken, und der eine adäquate Distanz zu seinen Mitarbeitern wahrt.

James, William

*11.01.1842 in New York, † 26. August 1910 in Chocorua, New Hampshire, US-amerikanischer Psychologe und Philosoph (Pragmatist). Er war von 1876 bis 1907 Professor für Psychologie und Philosophie an der Harvard University

Key-Account-Manager

Der Key-Account-Manager (deutsch: Kundenbetreuer) kümmert sich umfassend um die spezifischen Belange und Interessen eines Kundensegments oder eines einzelnen, strategisch bedeutenden Kunden (sog. Schlüsselkunden) und vertritt ihn und seine Anforderungen im Unternehmen. Er bildet die Schnittstelle zwischen diesem Kunden und dem Unternehmen und sorgt für eine klare Zuständigkeit und einen koordinierten Kundenkontakt.

Leadership (= Führung) versus Management

Differenz zwischen Führung und Management: Führung setzt eine neue Richtung oder Vision für eine Gruppe; Management kontrolliert oder leitet Menschen / Ressourcen in einer Gruppe nach den Prinzipien oder Werten, die bereits bestehen.

Lebensqualität

Lebensqualität bestimmt sich aus der Summe der Dinge, die die Lebensbedingungen in einer Gesellschaft beschreiben und die das subjektive Wohlbefinden eines jeden Einzelnen ausmachen. Die messbaren Faktoren beziehen sich auf ein am Wirtschaftswachstum und am Inlandsprodukt orientiertes Konzept im Sinne materiellen Wohlstands und werden um verschiedene Lebensbereiche (wie zum Beispiel Arbeitsbedingungen, Bildung, Gesundheit, Freizeit, Umwelt und Politik) ergänzt. Auch die subjektive Einschätzung von Glück und Zufriedenheit sowie die traditionellen und gesellschaftlichen Zielvorstellungen wie Freiheit und Solidarität sind für die Lebensqualität eines Menschen bedeutend.

Lernen

Lernen ist ein individueller Prozess und der planvolle Weg, sich Wissen oder spezifische Fertigkeiten anzueignen. Aus kognitiver Sicht wird Lernen heute als ein Prozess der Informationsverarbeitung betrachtet. Dabei werden Informationen in eine innere Repräsentation überführt, im Gedächtnis gespeichert und dort bei Bedarf abgerufen.

Limbisches System

Ringförmig um das Stammhirn gelegener Gehirnbezirk mit einer engen Verbindung zu Stammhirn, Hirnrinde und Zwischenhirn. Bei allen Säugetieren und beim Menschen werden in dieser Hirnregion Beziehungen zwischen Bewusstseinsvorgängen, Emotionen und Motivationen einerseits und der Tätigkeit der inneren Organe andererseits hergestellt.

Lymphatisches System

Teil des Abwehrsystems (Immunsystems) gegen Krankheitserreger, Fremdpartikel und krankhaft veränderte Körperbestandteile (z. B. Tumorzellen)

Management by walking around (MBWA)

Kommunikationswerkzeug, das dem direkten persönlichen Kontakt zwischen der Unternehmensführung und den Mitarbeitern eine große Bedeutung zumisst. Anstatt sich in seinem Büro zu verkriechen, geht der Manager durch sein Unternehmen und sucht seine Mitarbeiter an deren Arbeitsplätzen auf.

Mandelkern

Der Mandelkern (so genannt wegen der Form, die an eine Mandel erinnert, auch Amygdala genannt) ist ein Kerngebiet des Gehirns im medialen Teil des Temporallappens und Teil des limbischen Systems. Die Amygdala ist wesentlich an der Entstehung der Angst beteiligt und spielt allgemein eine wichtige Rolle bei der emotionalen Bewertung und Wiedererkennung von Situationen sowie der Analyse möglicher Gefahren; sie verarbeitet externe Impulse und leitet die vegetativen Reaktionen ein.

McDougall, William

*22.06.1871 Chadderton (Lancashire, England), †28.11.1938 in Durham (North Carolina, USA), englisch-amerikanischer Psychologe

Mediator

Vermittler in einem Kommunikationsprozess. Es geht um die Vermeidung oder Lösung eines Konflikts.

Myokardinfarkt

Herzinfarkt

Neurobiologie

Die Neurobiologie ist eine Disziplin der Biologie, die die Struktur und die Funktionsweise sowie die Entwicklung von Nerven und Nervensystemen untersucht. Ein Teilgebiet der Neurobiologie ist die Neurochemie, die die chemischen Grundlagen der Aufnahme, Übertragung, Speicherung und Verarbeitung von Informationen im Nervensystem erforscht. Zu den in der Neurobiologie untersuchten Fragestellungen zählen außerdem auch die (physiologischen) Grundlagen des Lernens, der Wahrnehmung und anderer aus der Psychologie bekannter Prozesse.

Neurogenerative Erkrankungen

Eine Gruppe von meist langsam fortschreitenden, erblichen oder sporadisch auftretenden Erkrankungen des Nervensystems. Hauptmerkmal ist der fortschreitende Verlust von Nervenzellen, der zu verschiedenen neurologischen Symptomen – darunter Demenz und Bewegungsstörungen – führt.

Neuronale Verknüpfungen

Verknüpfung der Neuronen, wichtig für den Lernprozess

Neuronen

Eine Nervenzelle oder ein Neuron ist eine auf Erregungsleitung spezialisierte Zelle. Nach heutigen Schätzungen besteht das menschliche Gehirn aus 100 Milliarden oder mehr Nervenzellen, wobei einige neuere Schätzungen sogar von 1 Billion Nervenzellen ausgehen. Entdeckung und Begriff »Neuron« gehen auf Heinrich Wilhelm Waldeyer (1881) zurück.

Neurotransmitter

Überträgerstoffe (Transmitter, Botenstoffe) sind Substanzen, die bei der Erregungsübertragung in den Synapsen (s. dort) der Nerven freigesetzt werden. Zu den Neurotransmittern gehören unter anderem Serotonin, Acetylcholin, Noradrenalin, Dopamin.

Neurotrophe Faktoren

Faktoren, die auf Neurotrophinen beruhen, das heißt auf körpereigenen Signalstoffen, die zielgerichtete Verbindungen zwischen Nervenzellen bewirken. Sie sichern den Fortbestand neuronaler Verbindungen und tragen zur Gedächtnisbildung bei.

Noradrenalin
Noradrenalin ist einerseits ein Neurotransmitter des sympathischen Nervensystems und andererseits ein Hormon des Nebennierenmarks und entsteht dort sowie in Teilen des Stammhirns und in den Synapsen bestimmter Nervenfasern; wirkt gefäßverengend und blutdrucksteigernd.

Noradrenerge Aktivierung
Findet bei Angst (CRF + Noradrenalin) und Furcht (Noradrenalin) statt

Nucleus accumbens
Kernstruktur im basalen (unteren) Vorderhirn. Der Nucleus accumbens spielt eine zentrale Rolle im »Belohnungssystem« des Gehirns sowie bei der Entstehung von Sucht.

Opioid
Sammelbegriff für eine chemisch heterogene (uneinheitliche) Gruppe natürlicher und synthetischer Substanzen, die morphinartige Eigenschaften besitzen. Man unterscheidet körpereigene (endogene) Opioide, die eine Rolle bei der Schmerzunterdrückung im Rahmen der Stressreaktion spielen, von therapeutisch oder missbräuchlich zugeführten Opioiden.

Outplacement
Hier: Entlassung; generell: eine von Unternehmen finanzierte Dienstleistung für ausscheidende Mitarbeiter, die als professionelle Hilfe zur beruflichen Neuorientierung angeboten wird, bis hin zum Abschluss eines neuen Vertrages oder einer Existenzgründung

Parasympathikus, parasympathisches Nervensystem
Teil des vegetativen Nervensystems. Der Parasympathikus wirkt hemmend auf die Atmung, verlangsamt die Herztätigkeit, setzt den Blutdruck herab, regt die Peristaltik und Sekretion des Verdauungssystems an, fördert die Glykogensynthese in der Leber, steigert die Durchblutung der Geschlechtsorgane und innerviert den Ziliarmuskel sowie den Irismuskel.

Persönlichkeit
Gesamtheit dessen, was Gemüt und Charakter eines Individuums ausmacht, relativ zeitstabile Gefühls-, Denk- und Verhaltensbereitschaft eines Menschen entsprechend seiner Persönlichkeitseigenschaften

Persönlichkeitsmodell

Als Persönlichkeitsmodell wird ein System bezeichnet, das es erlaubt, die Persönlichkeit eines Menschen zu erkennen. Verschiedene Methoden werden verwendet, um zu einer Einschätzung seines Fühlens, Denkens und/oder Verhaltens zu gelangen. Oft basieren Modelle auf Fragebögen mit 60 bis über 200 Fragen. Andere Systeme nehmen als Basis das gezeigte Verhalten, manche verbinden beides.

Pilotprojekt

Als Pilotprojekt bezeichnet man »allgemein Großversuche oder Demonstrationsprojekte, die bei gesellschaftlich, wirtschaftlich und technisch risikobehafteten Entwicklungen vor die allgemeine Einführung gesetzt werden, um Fragen der Akzeptanz, der Wirtschaftlichkeit, des Marktpotentials und der technischen Optimierung im Feldversuch [...] zu erproben« (Fellbaum 1981/82, S. 88).

Pindar

Griechischer Dichter, *Kynoskephalai (bei Theben) 522 oder 518 v. Chr., †Argos (?) nach 445 v. Chr.

Positive Psychologie

Die Positive Psychologie ist eine akademische Disziplin mit der Zielsetzung, die guten Aspekte des menschlichen Miteinanders zu erforschen. Dabei stellt sie zentrale Lebensthemen wie Glück, Optimismus, Geborgenheit, Vertrauen, Verzeihen, Solidarität in den Vordergrund, welche in der anfänglich konflikt- und störungsorientierten Psychologie wenig beachtet wurden. Die Bezeichnung Positive Psychologie bedeutet nicht, dass andere Disziplinen der Psychologie negativ zu bewerten seien. Sie begreift sich als ergänzende Sichtweise, die es so explizit noch nicht in der Psychologie gab, mit der ausdrücklichen Betonung der Dinge, die das Leben besser, glücklicher, gesünder, lebenswerter machen.

Postnatal

Nachgeburtlich

Präfrontaler Kortex

Der präfrontale Kortex ist ein Teil des Stirnhirns. Aufgrund seiner Verbindungen zum limbischen System wird er für die erlernte Kontrolle des angeborenen Verhaltens verantwortlich gemacht. Dort wird das Erlernen von Regeln gesteuert, es werden dort Problemlösungsstrategien erarbeitet und Argumentationen vorbereitet.

Psychoanalyse

Die Psychoanalyse (von griech. *psyche*, dt. Seele, und *analysis*, dt. Zerlegung, im Sinne von Untersuchung, Enträtselung der Seele) ist eine Richtung der Psychologie, die um 1890 von dem Wiener Neurologen Sigmund Freud (s. dort) begründet wurde. Der Begriff »Psychoanalyse« steht sowohl für das auf Freuds Einsichten in die Psychodynamik des Unbewussten gegründete Beschreibungs- und Erklärungsmodell der menschlichen Psyche als auch für die psychoanalytischen Therapien – eine Gruppe von Verfahren zur Behandlung innerer und zwischenmenschlicher Konflikte – sowie für die psychoanalytische Methodik, die sich auch mit der Untersuchung kultureller Phänomene beschäftigt.

Psychotherapie

Behandlungsverfahren, um Beeinträchtigungen in seelischen Bereichen, in sozialen Beziehungen, im Verhalten oder auch in Bezug auf bestimmte Körperfunktionen zu lindern oder zu heilen

Regression

(Psych.) Reaktivierung entwicklungsgeschichtlich älterer Verhaltensweisen, Zurückfallen auf frühere, kindliche Stufen der Problembearbeitung und Triebvorgänge

Resilience oder Resilienz

Psychische Widerstandsfähigkeit von Menschen, die es ermöglicht, selbst widrigste Lebenssituationen und hohe Belastungen ohne nachhaltige psychische Schäden zu bewältigen

Roth, Gerhard

* 15.08.1942 in Marburg, deutscher Biologe und Hirnforscher

Selbstmanagement

Fähigkeiten, Fertigkeiten und Techniken, die Zielfindung, Planung, effektives Handeln sowie das Zeitmanagement einer Person betreffend. Der Begriff wurde aus der Verhaltenstherapie in die Managementliteratur übernommen: als Bezeichnung für das Management der eigenen Person beziehungsweise des eigenen Handelns. *Selbstmanagement-Strategien* können in einer Psychotherapie, im Rahmen eines Coachingprozesses oder eigenständig mit Selbsthilfe-Manualen und Ratgeberbüchern erlernt werden. Voraussetzung dafür ist das Erkennen eigener Stärken und Schwächen sowie die Bereitschaft, an sich zu arbeiten. *Selbstmanagement-Fertigkeiten,* wie sie innerhalb der kognitiven Verhaltenstherapie systematisch angewandt werden, sind zum Beispiel Selbstbeobachtung, Selbstinstruktionen, Zielklärung und -setzung, Selbstverstärkung, Selbstkontrolle, Selbstregulation, Selbstmotivation, Flexibilität, Ausdauer und Frustrationstoleranz.

Selye, Hans

*26.01.1907 in Wien, †16.10.1982 in Montreal (Québec), österreichisch-kanadischer Mediziner ungarischer Abstammung. Er entwickelte bereits in den 1930er-Jahren die Grundlagen für die Lehre vom Stress und vom allgemeinen Adaptationssyndrom oder Selye-Syndrom. Er wird deshalb als »Vater der Stressforschung« beschrieben. Seit der Publikation seiner ersten wissenschaftlichen Arbeit, in der er 1936 »Stress« identifizierte und definierte, schrieb Selye mehr als 1700 Arbeiten und 39 Bücher über das Thema.

Serotonin

Serotonin gehört wie das Dopamin zu den Gewebehormonen, es wird besonders in der Darmschleimhaut und im Gehirn gebildet. Die Wirkung ist – in der richtigen Dosierung – beruhigend. In Stresszuständen wird die diffuse Ausschüttung von Serotonin in den verschiedenen Gehirnteilen verändert. In der Großhirnrinde ist sie dann erhöht, im Stammhirn und Zwischenhirn dagegen vermindert. Es wird angenommen, dass diese Umverteilung schnellere, wenn auch weniger durchdachte Reaktionen in Gefahrensituationen ermöglicht und damit die Überlebenschance statistisch erhöht.

SMART-Ziele

S = spezifisch, **M** = messbar, **A** = attraktiv, **R** = realistisch, **T** = terminiert

Sokrates

Griechischer Philosoph, *Athen um 470 v. Chr., † ebenda 399 v. Chr. durch Trinken des Schierlingsbechers. Als »Hebammenkunst« bezeichnete Sokrates, in Anspielung auf den Beruf seiner Mutter, seine Kunst der Gesprächsführung. Diese Gesprächstechnik beruht auf der Grundannahme, dass die Wahrheit in der angeborenen Vernunft jedes Menschen bereitliegt und nur ans Licht gebracht (»entbunden«) werden muss. Die sokratische Ironie besteht darin, dass Sokrates (oder wer immer dessen Rolle einnimmt) vorgibt, der Unwissende zu sein, aber Fragen stellt, in denen die Antwort schon verborgen liegt. Im »Sokratischen Gespräch« geht es darum, durch gezielte Fragen – die sogenannten sokratischen Fragen – die Beteiligten in den Dialog einzubeziehen, sodass sie selbst zu Erkenntnissen gelangen.

Spitzer, Manfred

*27.05.1958 in Lengfeld (bei Darmstadt), deutscher Psychiater, Psychologe und Hochschullehrer. Seit 1998 ist er ärztlicher Direktor der Psychiatrischen Universitätsklinik in Ulm, wo er auch die Gesamtleitung des 2004 dort eröffneten Transferzentrums für Neurowissenschaften und Lernen (ZNL) innehat, das sich vor allem mit Neurodidaktik beschäftigt.

Stamm- und Mittelhirn

Das Stammhirn ist der älteste Teil des Gehirns, den wir mit fast allen anderen Lebewesen teilen. Es ist zuständig für Überleben und Fortpflanzung. Das Stammhirn denkt nicht im eigentlichen Sinn – es handelt spontan. Das Mittelhirn ist ein Teil des Hirnstamms. Erregungen sensibler Nerven werden von hier aus an das Großhirn weitergeleitet oder auf motorische Nerven umgeleitet.

Supervisor

Der Supervisor begleitet Einzelne, Teams, Gruppen und Organisationen bei der Reflexion und Verbesserung ihres beruflichen oder ehrenamtlichen Handelns.

Sympathikus-Nebennieren-Achse

In einer Studie mit Makaken (Affen) wurden die Alphatiere periodisch deklassiert, die Affen reagierten darauf gestresst, ihre Herzkranzgefäße verengten sich deutlich. Die medizinische Erklärung für dieses Phänomen bei Affen – und bei uns Menschen – zeigt, dass das Gehirnbelohnungssystem, in dem die negativen Emotionen verarbeitet werden, in direkter Verbindung mit zwei Stressachsen des Körpers steht. Die Sympathikus-

Achse sorgt für die Ausschüttung von Adrenalin und Noradrenalin, die Hypothalamus-Hypophysen-Nebennierenrindenachse ist zuständig für die Ausschüttung des Hormons Cortisol (s. dort).

Sympathisches Nervensystem

Gehört zum vegetativen Nervensystem (VNS), auch autonomes Nervensystem (ANS). »Autonom« heißt, dass über das VNS biologisch festliegende, willentlich nur indirekt beeinflussbare, automatisch ablaufende innerkörperliche Anpassungs- und Regulationsvorgänge vermittelt werden. Über das vegetative Nervensystem werden zur Aufrechterhaltung der inneren Homöostase (s. dort) die lebenswichtigen Funktionen wie Herzschlag, Atmung, Blutdruck, Verdauung und Stoffwechsel kontrolliert.

Synapsen

Kontaktstellen zwischen Nervenzelle und anderen Zellen (wie Sinnes-, Muskel- oder Drüsenzellen) oder zwischen Nervenzellen untereinander. Der Begriff »Synapse« wurde im Jahre 1897 von Charles S. Sherrington geprägt.

Systemische Beratung

Die systemische Beratung hat sich aus der systemischen Familientherapie entwickelt. Der Begriff bezeichnet die beraterische Unterstützung von unterschiedlichen Systemen, basierend auf der Systemtheorie. Bei systemischer Beratung geht es primär um das Stärken der Ressourcen und Kompetenzen des jeweilig zu beratenden Systems. Zur Betonung dieser Vorgehensweise wird systemische Beratung häufig auch als »ressourcenorientierte Beratung« oder »lösungsorientierte Beratung« bezeichnet. Die Reduktion von Unaufmerksamkeit, Unsicherheit und Angst steigert die Freiheitsgrade, die Ressourcenmanagement und Lösungsannäherung erst ermöglichen.

Thalamus

Der Thalamus bildet den größten Teil des Zwischenhirns. Er setzt sich aus vielen Kerngebieten zusammen, die eine besonders starke Verbindung zur gesamten Großhirnrinde aufweisen.

Tupajas

Spitzhörnchen, den Eichhörnchen ähnelnde Säugetiere

Umprogrammierung

Im neurobiologisch orientierten Coaching bedeutet »Umprogrammierung« die elegante, gezielte und nachhaltige Modifizierung/Überschreibung eingefahrener Gefühle, Denk- und Handlungsmuster, die von geringem Nutzen, eher von hoher Gefahr sind. Sie knüpft an die intrinsische Erfolgs- und somit an die intrinsische Belohnungsorientierung des Gehirns und seiner Ressourcenvielfalt an.

WHO

World Health Organization = Weltgesundheitsorganisation

Work-Life-Balance

Unter »Work-Life-Balance« versteht man die Vereinbarkeit von Berufs-, Privat- und Familienleben, das heißt die Möglichkeit Erwachsener im arbeitsfähigen Alter, sich zugleich Beruf und Karriere einerseits und dem Leben in der Familie und der Betreuung von Kindern und pflegebedürftigen Personen andererseits zu widmen, unter Berücksichtigung der Schwierigkeiten, die dabei auftreten können. Der Begriff wird vor allem in Bezug auf betriebliche Aspekte wie etwa familienfreundliche Arbeitszeiten sowie auf Möglichkeiten zur Verbesserung des individuellen Gleichgewichts verwendet; er bezeichnet ein anzustrebendes Gleichgewicht im Allgemeinen, auch für Singles.

Thank you! Danke!

Wir danken: Alexander Alberts, Dietrich Alberts, Prof. Dr. Grietje Beck, Heiner Brand, Ralf Brodnicki, Dr. Thomas Dombrowski, Judith Faber, Tim Florence, Michael Griess, Alexandra Haase-Uitz, Wilhelm von Haller, Willibald Hammer, Sonja Hartmann, Carsten Hillje, Viola Hong, Vera Ibelings, Prof. Dr. Christopher Jahns, Michael Jakob, Dr. Hans-Jochen Jaschke, Henry Maske, Torsten Meyer, Annette Pieper, Markus Reiser, Gary Trozzo, Wilfried Weiss und Frank Zweigle für die Offenheit in den Interviews und ihre Kooperation.

Spezieller Dank an: Petra Altenstraßer, Christiane Bock, Dr. Frauke Gross-Freiburg, Bettina Hagen, Marita Hentze, Dr. Gernot Kempf, Laura Louise, Ben from Meadowview, Tim Thomas Tegethoff.

Kottmann & Partner

Unternehmenssitz Paderborn

Bibliografische Information der Deutschen Nationalbibliothek

Die Deutsche Nationalbibliothek verzeichnet diese Publikation in der Deutschen Nationalbibliografie; detaillierte bibliografische Daten sind im Internet über http://dnb.d-nb.de abrufbar.

ISBN 978-3-86936-053-9

2. Auflage

Konzeption, Gestaltung, Coachee-Porträts: Franziska von Aspern | www.vonaspern.net
Coachee-Porträt S. 58: Thomas Kottmann
Fotografien: Hans Jochen Koppelmeyer, Hamburg
Textberatung: Simône Ibounig
Physical Coaching: Dr. med. Elisabeth Malzfeldt, Dr. Bernd Gimbel, Dr. med. Wilfried Böhning
Bilder S. 43, 102/103: Blick vom Hotel Atlantic Kempinski, Hamburg
Satz und Layout: Das Herstellungsbüro, Hamburg | www.buch-herstellungsbuero.de
Umschlaggestaltung: Martin Zech, Bremen | www.martinzech.de
Druck und Bindung: Salzland Druck, Staßfurt

www.gabal-verlag.de